Javier Alvarez-Mendoza
Elsa María Tamez Cantú
Jesús Montemayor Leal

Hematología de peces y reptiles: Casos de estudio

AF138580

Javier Alvarez-Mendoza
Elsa María Tamez Cantú
Jesús Montemayor Leal

Hematología de peces y reptiles: Casos de estudio

Catán, Bagre, Lobina, Víbora de Cascabel

Editorial Académica Española

Cover image: www.ingimage.com

Publisher:
Editorial Académica Española
is a trademark of
Dodo Books Indian Ocean Ltd. and OmniScriptum S.R.L publishing group

120 High Road, East Finchley, London, N2 9ED, United Kingdom
Str. Armeneasca 28/1, office 1, Chisinau MD-2012, Republic of Moldova, Europe
Printed at: see last page
ISBN: 978-3-639-78419-0

HEMATOLOGIA DE PECES Y REPTILES: CASOS DE ESTUDIO

Francisco Javier Álvarez Mendoza

Elsa María Tamez Cantú

Jesús Montemayor Leal

Laboratorio de Morfología e Histología, Facultad de Ciencias Biológicas,

Universidad Autónoma de Nuevo León

San Nicolás de los Garza, N.L., Universidad Autónoma de Nuevo León., 2016

CAPITULO 1

HEMATOLOGIA DEL CATAN (*Atractosteus spatula*), COLECTADOS EN EL NORESTE DE MEXICO.

Francisco Javier Álvarez Mendoza, Elsa María Tamez Cantú, Jesús Montemayor Leal

Resumen.

Las poblaciones de catán (*Atractosteus spatula*), se han visto disminuidas drásticamente durante las últimas dos décadas en el noreste de México, debido principalmente a la captura, así como la perdida de hábitats por la actividad antropogénica y la contaminación. Por lo anterior es importante conocer su Biología y en particular su Hematología, ya que es un tejido que refleja en forma rápida cambios tanto intrínsecos como extrínsecos provocados por el medio ambiente. Los parámetros hematológicos estudiados fueron: Hemoglobina (Hb=12,45gr/dl), Microhematocrito (Ht= 44.33%), Leucocrito (Lc=2.76 %), Proteína Total del Plasma (PTP = 5.48 gr/dl), Recuento por Dilución de Glóbulos Rojos (RDR=1,004 000 por mm3), Recuento por Dilución de Glóbulos Blancos (RDB= 64 471 por mm3). Las células cuantificadas para el recuento diferencial fueron: Trombocitos (46.5%), Neutrófilos (4.5%), Eosinófilos (3.14%), Basófilos (3%), Linfocitos (26.6%), Monocitos (5.42%), Células Plasmáticas (6.56%), Promielocitos (1.67%), Mielocitos (0.31), Células No Identificadas (1.25). Los valores hematológicos reportados concuerdan con los reportados para otros peces, no así la diversidad de los leucocitos.

Introducción.

Los catanes son organismos sumamente antiguos, con estructuras primitivas, por lo que pueden considerarse verdaderos fósiles vivientes. Las primeras especies aparecieron en el Periodo Cretácico, 180 millones de años atrás, y florecieron en casi todo el mundo (excepto Asia), para luego disminuir hasta las siete especies divididas en dos géneros, los cuales aún prevalecen en Norte y Centro América. El "Catán"

(*Atractosteus spatula*) presenta una distribución original que va desde los ríos Ohio y Missouri en los Estados Unidos hasta la Laguna de Tamiahua en Veracruz, México (Contreras-Balderas y Ruiz-Campos, 2010). Se le encuentra en pozas de los grandes ríos y en aguas salobres o marinas a lo largo de la costa del Golfo de México.

Las poblaciones de catán, se han visto disminuidas drásticamente durante las últimas dos décadas en el noreste de México, debido principalmente a la captura, así como la perdida de hábitats por la actividad antropogénica y la contaminación, por lo que su estado actual de conservación es considerado vulnerable (Jelks et al., 2008). Por lo anterior es importante incrementar los conocimientos sobre su Biología, en particular su Hematología, ya que es un tejido que refleja en forma rápida cambios tanto intrínsecos como extrínsecos provocados por el medio ambiente.

Antecedentes.

Wedemeyer (1977), citó una serie de métodos analíticos, junto con guías para colección de muestras y la interpretación de resultados, indicando pruebas hematológicas, de agua, hígado, y músculo, surgiendo un mínimo de 10 peces debido al gran coeficiente de variación que presenta el muestreo, para el monitoreo biológico de peces cultivados así como de poblaciones nativas para evaluar el efecto del estrés provocado por el medio ambiente en peces sanos.

Cameron (1970), encontró que los plaguicidas y otros contaminantes causan alteraciones en tejidos y sangre de peces. Por su parte, Christensen (1972), reportó que pequeñas cantidades de metales pesados como cobre, cromo, iones de mercurio, en el ambiente acuático, causan múltiples cambios en el dinamismo interno de los peces, inclusive letales.

Wydosky (1976), indicó que el metabolismo y la regulación iónica a través de la química sanguínea en peces, son medios de identificación de las condiciones anormales en el ambiente que producen estrés a peces. Concluyen que los peces son indicadores de la calidad del agua. Así mismo, Agrawal (1980), señaló que el manganeso es depositado en aguas dulces junto con fertilizantes, aditivos en

3

alimentos y fungicidas y que los peces de agua dulce muestran un decremento significativo en la cuenta total eritrocitos cuando han sido expuestos a este.

Tomasso *et al.*, (1981), en pruebas realizadas a bagres encontró que el calcio tuvo un efecto mínimo de toxicidad y el sodio mostró no tener efecto alguno sobre los peces. Mencionan que la toxicidad por nitritos está relacionada con la capacidad de oxidar la hemoglobina a metahemoglobina, perdiendo la capacidad de acarrear oxígeno a las células. Los efectos tóxicos del amonio en el medio ambiente son debido a una forma no ionizada; que en una exposición subletal causa daño al tejido de las branquias y riñones en un lapso de 24 hrs.

Garofano (1982), indicó que los peces se pueden usar como monitores de cuerpos de agua contaminados con cadmio. En su estudio revela que el cloruro de cadmio en altas concentraciones producen una baja de eritrocitos y un aumento en leucocitos en *Ictalurus nebulosus.* Prasad *et al.*, (1987), estudio el efecto de diferentes concentraciones de extractos de petróleo crudo sobre el bagre (*Heteropneustes fossilis*), mediante el análisis hematológico, encontrando niveles bajos de hemoglobina, incremento en el hematocrito, hiperglicemia y aumento en la concentración del ácido ascórbico, demostrando también que los efectos son reversibles al regresar al bagre a su medio natural.

Álvarez-Mendoza (1997), reporta para la lobina negra (*Micropterus salmoides*), bajo condiciones de desnutrición moderada un microhematocrito (Ht) de 33.99%, hemoglobina (Hb) de 7.76 gr/100ml, y proteína total del plasma (PTP) de 4.56 gr/dl, y desnutrición severa Ht de 22%, Hb de 4.35 gr/100 ml y PTP de 3.72 gr/dl, mientras que el control presentó un Ht de 28.26%, Hb de 5.10 gr/100 ml y PTP de 4.31 gr/dl, concluyendo que lo parámetros hematológicos son alterados desde estadios incipientes de desnutrición.

Lohner *et al.*, (2001), evaluaron en poblaciones de peces sol (*Lepomis sp.*), colectados en el río Ohio y afluentes que reciben descargas de cenizas de carbón, y el efecto de bajas concentraciones de Se. Encontrando que la concentración de Selenio,

Cobre y Arsénico fueron estadísticamente altas en los tejidos de peces muestreados expuestos con respecto a los peces de referencia. Leucopenia, linfocitosis y neutropenia fueron evidentes en peces expuestos. Los valores del conteo de glóbulos blancos por dilución y el porcentaje de linfocitos fueron significativamente correlacionados con la concentración de Selenio en el hígado. Los niveles de proteína en el plasma fueron significativamente menores en peces expuestos indicando que puede haber un estrés nutricional. El factor de condición y rango de crecimiento no presentaron diferencias significativas entre los peces expuestos y los de referencia, considerando a los parámetros hematológicos y el análisis de la concentración de Selenio en el hígado como herramientas de diagnóstico.

Lemly (2002), estudio las alteraciones producidas por el Selenio en las comunidades de peces del lago Belews en Carolina del Norte, encontrando: telangectacia en las lamelas branquiales, linfocitos elevados, anemia (reducción de hematocrito y hemoglobina), cataratas cornéales, exoftalmia, alteraciones patológicas en el hígado, riñón, corazón y ovarios, fracaso en la reproducción (reproducción de huevos viables, debido a la patología del ovario, y mortalidad post-desove, debido a la bioacumulación de selenio en los huevos), teratogénesis de espinas, cabeza, boca y aletas. Encontrando que en los huevos una concentración de 10µg/g, o más de selenio, puede alterar las funciones bioquímicas, pasando por efectos teratogénicos, hasta causar la muerte. Por otro lado los adultos aparentan estar sanos pero fracasan en su reproducción, debido a la ingesta de selenio a través de las cadenas alimenticias acuáticas, que lo toman del sedimento del lago.

Sepúlveda *et al.* (2004), estudiaron la disfunción reproductiva en el róbalo (*Micropterus salmoides floridanus*), expuestos a agua de desecho de una industria papelera, en concentraciones de 10%, 20%, 40% y 80%, durante los períodos de 28 a 56 días, en estanques de estudio, además se colectaron róbalos en el rio St. Johns. Florida, donde descarga la planta de papel sus aguas residuales. Se realizaron análisis de sangre y plasma, además del estudio histopatológico del hígado y el bazo. En los peces confinados en estanques se determinó un incremento en la concentración de albúmina e índice hepatosomático, para los róbalos expuestos a concentraciones de 20% o más en el período de 56 días. El índice bazosomático y los centros de melanomacrófagos decrecieron en róbalos colectados de sitios de corriente concentrada (Palataka y Rice Creek) considerando además que concentraciones de calcio, fósforo, glucosa y creatinina fueron elevados, comparado con peces de ríos de referencia. Los peces de Rice Creek presentaron disminución en la cuenta de glóbulos rojos por dilución, y los róbalos machos de Palataka menor concentración de colesterol. La concentración de albúmina del plasma y la concentración de ácido glutámico hepático fue elevado en róbalos machos de Palataka, mientras hembras y machos de Rice Creek tuvieron altas concentraciones de globulina. Indicando un patrón complejo del efecto de aguas residuales de la industria papelera en varias funciones fisiológicas, a pesar de ser tratadas previamente.

Silveire-Coffigny *et al.*, (2004), estudiaron en *Oreochromis aureus* el efecto de diferentes condiciones de estrés, infección bacteriana, intoxicación por nitritos, dosis excesiva de verde de malaquita, su efecto en los índices hematológicos y su relación con la condición de salud. Los peces mostraron anemia microcítica bajo la infección bacteriana experimental por *Corynebacterium sp.;* anemia, neutrofiolia y deformación de eritrocitos por intoxicación de nitritos y dosis excesiva de medicación con verde de malaquita.

Beker *et al.*, (2005), compararon los parámetros hematológicos, Hematocrito, Hemoglobina, la Concentración Media de Hemoglobina, composición iónica, concentración de metabolitos y Proteína Total del Plasma, bajo condiciones de esfuerzo, en *Acipenser oxyrinchus* y *Acipenser brevirostrum*, encontrando diferencias en la osmolaidad del plasma, concentración de Na^+, Cl^-, lactato, cortisol, y proteína total, el resto de los parámetros no presento diferencia significativa.

Jamalzadeh y Ghomi (2009), realizaron un estudio hematológico con *Salmon trutta caspius*, encontrando que en el invierno aumentan los monocitos, eosinófilos y neutrófilos con respecto a las otras estaciones del año. El valor del hematocrito,

6

conteo por dilución de leucocitos, linfocitos y linfocitos grandes son mayores en los organismos pequeños que en los adultos.

Adeyeno *et al*., (2009), reportan cambios hematológicos en el bagre africano (*Clarias garipinus*), bajo condiciones simuladas de manejo y transporte, encontrando un incremento en los linfocitos, pero no hubo diferencia significativa en microhematocrito, hemoglobina, leucocitos y eosinófilos.

Galeano *et al*., (2010), reportan los valores hematológicos de *Porichthys porosissimus*, muestreados en Bahía Blanca, Argentina, lugar presionado por la contaminación urbana e industrial. Los valores para eritrocitos fueron de 1.32 ±0,32 x 10^6/µl, leucocitos 3314.8 ±2058.8 /µl, hemoglobina 8.13 ±1.18g/dl, hematocrito 36.17 ±6.03%, volumen corpuscular medio (VCM) 295.14 ±90.02fl, hemoglobina corpuscular media (HCM) 65.68 ±22.32pg, y una concentración de hemoglobina corpuscular media (CHCM) 23 ±4.92%. La proteína plasmática en otoño fue de 4.059 ±0.971 g/dl, y descendió en primavera a 2.477 ±0.369g/dl. Se describen seis tipos de células sanguíneas, eritrocitos, linfocitos, eosinófilos, neutrófilos, trombocitos y monocitos.

Akinrotimi *et al*., (2010), analizaron 60 ejemplares adultos de *Tilapia guineensis* reportando los siguientes valores hematológicos, hematocrito 22.67 ±2.14%, hemoglobina 7.72 ±1.20g/dl, leucocrito 7.81 ±1.14%, conteo por dilución de leucocitos 30.02 ±2.50 células x10^9 g/l, conteo por dilución de eritrocitos 2.58 ±0.69 células x10^9 g/l, trombocitos 40.65 ±3.14%, neutrófilos 20.45 ±2.21%, linfocitos 35.46 ±4.7% y monocitos 3.12 ±1.00%.

Material y Método.

Se trabajaron 33 ejemplares adultos de catán (*Atractosteus spatula*), para los parámetros de Hemoglobina (Hb, gr/dl), Microhematocrito (Ht, %), Leucocrito (Lc,%), Proteína Total del Plasma (PTP, gr/dl), Recuento por Dilución de Glóbulos Rojos (RDR, miles/mm^3), y Recuento por Dilución de Glóbulos Blancos (RDB, miles/mm^3). Se realizaron frotis de sangre de 36 ejemplares, reportando el recuento diferencial de leucocitos para cada uno de ellos.

La longitud de los peces fueron medidos con una cinta métrica (Slaymaker 10´ X ½"), y pesados (Balanza Tor-Rey, Modelo EQ-10/20).

La muestra de sangre se obtuvo por punción cardiaca, debido a que los peces fueron sacrificados para hacer un estudio parasitológico paralelo. Para determinar la hemoglobina de utilizo un Hemoglobinómetro (BMS, modelo AO), donde la sangre se hemoliza en un cámara del mismo equipo, con aplicadores que contienen saponina por 30 segundos, colocándose en el compartimiento indicado dentro del aparato y realizando la lectura correspondiente.

Para la prueba de microhematocrito y leucocrito se llenaron capilares heparinizados con ¾ de sangre, sellándose con creatoseal, se centrifugaron (Centrifuga Solt-Bat, modelo PL 16 Aparatos Científicos) a 11,000 rpm, por 5 minutos, midiendo en el lector para microhematocrito ambas pruebas. Hecho lo anterior, se procedió a seccionar la parte del capilar que contenía el plasma, y cuya muestra se colocó en un refractómetro (modelo A3000 CL Clinical, Japan), para hacer la medición de la proteína total del plasma por medio gravimétrico.

El recuento por dilución de Glóbulos Rojos se realizó usando un Hemocitómetro y pipetas de Thoma para rojos, con el líquido diluyente de Hayem, siguiendo la metodología estándar. Para el recuento de Glóbulos Blancos se utilizó el Hemocitómetro, pipetas de Thoma para blancos y líquido diluyente de Turk, siguiendo la metodología estándar.

Se realizaron frotis de sangre, los cuales fueron fijados en metanol por un tiempo mínimo de 5 minutos, procediéndose a colorear con hemocolorante rápido (HYLCEL No. 548) para realizar el recuento diferencial de leucocitos. Las observaciones se realizaron con microscopio de campo claro (Leica Modelo CME), utilizando objetivo de inmersión (100X), contando cien leucocitos, separándolos en sus porcentajes correspondientes.

Resultados.

Los peces analizados presentaron una longitud promedio de 67 cm, con un máximo de 72 cm, y un mínimo 60 cm. El peso presentó una media de 2,245 gr, con un máximo de 2,800 gr y un mínimo de 1,700 gr. (Tabla 1).

En los parámetros de la serie roja, la Hemoglobina (Hb) presentó una media de 12.45 (±2.86), con un máximo de 17 y un mínimo de 5. Para el Microhematocrito (Ht) se reporta una media de 44.33 (±8.72), presentando un mínimo de 31 y un máximo de 63. El recuento por dilución de glóbulos rojos (RDR), presentó un promedio de 1,004,000 (±562 078), con un máximo de 3,480,000 y un mínimo de 410,000 (Tabla 1).

En los parámetros de la serie blanca, el leucocrito (Lc), presentó un máximo de 4 y un mínimo de 1, determinándose una media de 2.76 (±0.9). El recuento por dilución de glóbulos blanco (RDB), presentó una media de 64,471 (±20 590), con un mínimo de 35,400 y un máximo de 105,300. La proteína total del plasma se determinó un máximo de 8 y un mínimo de 2 con un promedio de 5.48 (±1.22) (Tabla 1).

Los eritrocitos son principalmente ovales, nucleados, citoplasma es acidófilo y núcleo basófilo. Presentando un promedio de 11.49 µ (±0.75), con un mínimo de 7.5µ, y un máximo de 17.5µ. (Figura 1).

Las células reportadas para el recuento diferencial de leucocitos fueron: trombocitos, neutrófilos, eosinófilos, basófilos, linfocitos, monocitos, células plasmáticas, promielocitos mielocitos (Fig. 2). Los trombocitos presentaron una media de 46.5% (± 6.06), neutrofilos 4.5% (± 7.97), eosinofilos 3.14% (± 3.3), basofilos 3% (± 3.33), linfocitos 26.6% (± 6.36), monocitos 5.42% (± 3.24), células plasmáticas 6.56% (±1.54), promielocitos 1.67% (± 1.6), mielocitos 0.31% (± 0.66), además hubo células que no se identificaron, estas presentaron un promedio de 1.25% (± 1.33) (Tabla 2).

Tabla 1.- Estadística descriptiva de los parámetros hematológicos de *Atractosteus spatula*.

Parámetro	N	Media (±SD)	Max.	Min.	Varianza
Longitud (cm)	33	67 (±2.969)	72	60	8.813
Peso (gr)	33	2245 (±298)	1700	2800	8.881
Hb (gr/dl)	33	12.45 (±2.865)	17.00	5.0	8.21
Ht (%)	33	44.33 (±8.72)	63	31	76.042
Lc (%)	33	2.76 (±.902)	4	1	.814
PTP (gr/dl)	33	5.48 (±1.228)	8	2	1.5
RDR (niles/mm$^{3)}$	33	1 004 000 (±562078.064)	3 480 000	410 000	3.159E+11
RDB (niles/mm$^{3)}$	33	64 471.21 (±20590.312)	105 300	35 400	4.240E+08

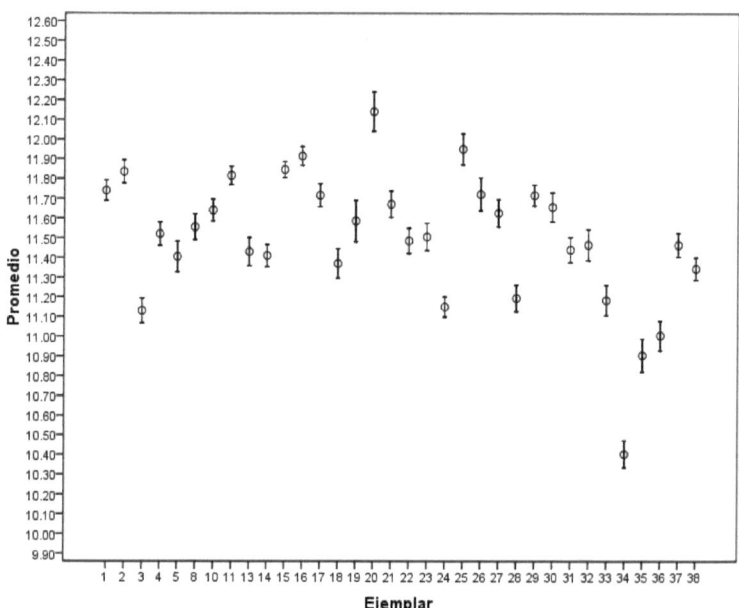

Figura 1.- Comportamiento del tamaño de los eritrocitos en cada uno de los ejemplares de *Atractosteus spatula* muestreados.

Tabla 2.- Estadística descriptiva del recuento diferencial de leucocitos en *A. spatula*

Tipo Celular	Media (±SD)	Max.	Min.	Varianza
Trombocitos	46.5 (±6.064)	62	31	36.771
Neutrofilos	4.5 (±7.977)	28	0	63.629
Eosinofilos	3.14 (±3.305)	16	0	10.923
Basfilos	3.00 (±3.286)	14	0	10.800
Linfocitos	26.61 (±6.366)	41	8	40.530
Monocitos	5.42 (±3.246)	13	0	10.536
Células Plasmáticas	6.56 (±2.455)	11	2	6.025
Primielocitos	1.67 (±1.604)	6	0	2.571
Mielocitos	0.31 ±0.668	3	0	0.447
N.I.	1.25 ±1.339	5	0	1.793

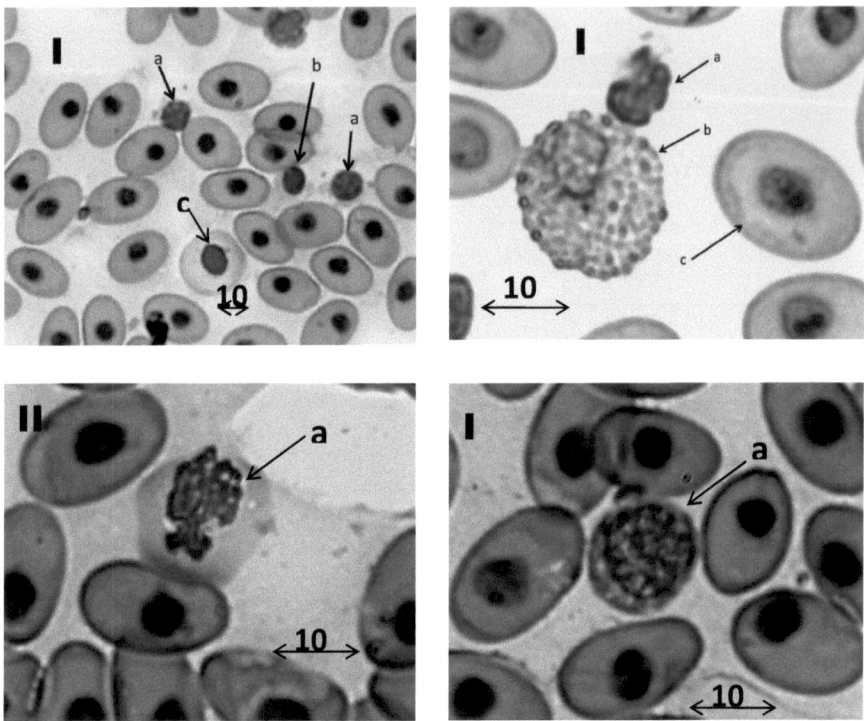

Figura 2.- Células sanguíneas, I a: linfocito, b: trombocito, c: eritrocito inmaduro; II a: trombocito, b: eocinofilo, c: eritrocito normal; III a: monocito; IV a: linfocito.

Discusión y Conclusión.

Los valores de Hemoglobina reportados en el presente trabajo para *Astractoteus spatula*, son mayores que los reportados para otras especies (Jamalzadeh y Ghomi, 2009; Galeano, 2010; Akinorotimi, 2010), pero menor que las reportadas para dos especies de *Acsipenser* (Beker, 2005). Para el parámetro de Hemoglobina los valores de *Astractosteus spatula* son iguales a los reportados para *Salmon trutta caspius* (Jamalzadeh y Ghomi, 2009), pero mayores para otras especies (Galeano, 2010; Akinrotimi, 2012; Beker, 2005). La Proteína Total del Plasma en ligeramente alta para *Astractosteus spatula*, que la reportada por Galeano, 2010 y por Álvarez-Mendoza (1997). El valor encontrado para el recuento de glóbulos rojos está dentro de los reportados para otras especies (Jamalzadeh y Ghomi, 2009; Galeano, 2010;

Akinorotimi, 2010), sin embargo el recuento por dilución de glóbulos blancos no coincide con lo encontrado por los autores antes mencionados.

Para el recuento diferencial de leucocitos se reportan más tipos celulares que para otras especies, pero los trombocitos son las células que predominan, habiendo diferencia en cuanto a los valores porcentuales de linfocitos y neutrófilos (Jamalzadeh y Ghomi, 2009; Akinorotimi, 2010).

Se concluye que los valores hematológicos reportados en el presente trabajo para *Astractosteus spatula* están dentro de los rangos de otros peces y pueden ser usados de referencia para futuras investigaciones en el campo de la contaminación ambiental.

Literatura Citada

Adeyemo, O.K.; Naigaga I. and Alli, R.A. 2009. Effect of handling and transportation on Heamatology of Catfish (*Clarias gariepinus*). J. of Fisheries Sciences.com 3(4): 333-341.

Agrawal SJ, Srivastava K. 1980. Hematological reponses in fresh water fish to experimental manganeso poisoning. Toxicology 17: 97-100.

Akinrotimi, O.A.; Abu, O.M.G.; Bekibele, D.O.; Udeme-naa, B. and Aranyo, A.A. 2010. Haematological Characteristics of *Tilapia guineensis* from Buguma Greek, Niger Delta, Nigeria. EJEAFChe, a (8) 1415-1422.

Álvarez-Mendoza FJ. 1997. Evaluación hematológica de tres especies de peces, *Ictalurus punctatus, Morone saxatilis y Micropterus salmoides,* en condiciones de desnutrición. Tesis de maestría (inédita) 1-69.

Beker,D.W.; Wood, A.M.; Lituak, M.K. and Kieffer, J.D. 2005. Heamatology of juvenile *Acipenser oxyrinchus* and *Acipenser brevirostrum* at rest and following forced activity. J. of Fish. Biol. 66: 208-221.

Cameron TN. 1970. The influence of environmental variables on the hematology of pingfish (*Lagodon rhomboids*) and striped Mullet (*Mugil cephalus).* Comp. Biochemic. Physol. 32: 175-193.

Christensen G M, McKim JM, Brungs WA, Hunt EP. 1972. Changes in the blood of the Brown Bullhead (*Ictalurus nebulosus*) following short and long term exposure to cooper (II). Toxicology and Applied Pharmatology. 23: 417-427.

Contreras-Balderas, S. y Ruiz-Campos, G. (2010) Sistemática y Distribución de Catanes, Pejes Lagarto y Agujas (Familia Lepisosteidae) en México. In: Biología, Ecología y Avances en el cultivo del catán *Atractosteus spatula*. Eds. Mendoza-Alfaro, Aguilera-González y Montemayor-Leal.

Galeano, N.A.; Prat, M.I.; Gualiardo, S.E.; Schwerdt, C.B. and Tanzola, R.D. 2010. Características hematológicas *Porichthys porosissimus* (Pisces: Batrachoidiformes) en el estuario de Bahía Blanca, Argentina. Analecta Vet. 30(1): 5-11.

Garofano J S, Hirshfield H I. 1982. Peripheral Effects of Cadium on the Blood and Head Kidney in the Brown Bullhead (*Ictalurus nebulosus*). Bull Environm de Contam. Toxicol. 28. 552-556.

Jamalzadeh, H.R. and Ghomi, M.R. 2009. Hematological parameters of Caspian salmon *Salmon trutta caspius* associnted with age and season. Marine and Freshwater Behaviour and Physiology. Vol. 42.(1): 81-87.

Jelks, H., S.J. Walsh, N.M, Burkhead, S. Contreras-Balderas, E. Díaz-Pardo, D.A. Hendrickson, J. Lyons, N.E. Mandrak, F. McCormick, J.S. Nelson, S.P. Platania, B.A. Porter, C.B. Renaud, J.J. Schmitter-Soto, E.B. Taylor y M.L. Warren. 2008. Conservation status of imperiled North American freshwater and diadromous fishes. Fisheries, 33(8): 372-402.

Lohner TW, Reash RJ, Ellen V. 2001. Assessment of Tolerant Sunfish Populations (*Lepomis sp*) Inhabiting Selelenium-Laden Coal Ash Effluents. 1. Hematological and Population Level Assessnent. Ecotoxicology and Enviromental Safety 50 (3): 203-216.

Lemly AD. 2002. Symptoms and implications of selenium toxicity in fish: the Belews Lake case example. Toxicology 57 (1-2): 39-49.

Prasad MS, *et al*. 1987. Some hematological effects of crude oil fresh water catfish (*Heteropneustes fossilis*). Bioch. Act. Hydrobiol 15.2 pp: 199-204.

Sepúlveda MS, Gallagher EP, Gross TS. 2004. Physiological changes in largemouth bass exposed to paper mill effluents under laboratory and field conditions Ecotoxicology. 13 (4): 291-301.

Silveira-Coffigny R, Prieto-Trujillo A, Asecion-Valle F. 2004. Effects of different stressors in hematological variables in cultured *Oreochromis aureus* S. Conparative Biochemistry and Physiology Part C: Toxicology & Pharmacology. 139(4): 245-250.

Tomasso JR, *et al*. 1981 Effects of Environmental, pH and calcium on ammonia toxicity in channel catfish, Transactions of the American Fisheries Society 109: 229-234.

Wedemeyer GA, Yasutake WT. 1977. Clinical Methods for the assement of the effects of Environmental Stress in Fish Healt. Technical papers of the U.S. Fish and Wildlife Service, Number 89 pp: 1-8.

Wydosky RS, Wedemeyer GA., 1976. Problems in the physiological monitorning of wild fish populations. Stress in Fish Health. Technical papers of the U.S. Fish and Wildlife service; Number 89 pp: 1-8.

CAPITULO 2

PARÁMETROS HEMÁTICOS EN TRES ESPECIES DE PECES
(*Ictalurus punctatus, Morone saxatilis y Micropterus salmoides*) EN
CONDICIONES DE DESNUTRICIÓN

Francisco Javier Álvarez Mendoza, Elsa María Tamez Cantú, Jesús Montemayor Leal

Resumen

Se evaluó el efecto de la desnutrición sobre los parámetros hemáticos en tres especies de peces de agua dulce, *Ictalurus punctatus, Morone saxatilis y Micropterus salmoides*. Los parámetros hemáticos analizados fueron: Microhematocrito (Ht), Hemoglobina (Hb), Proteína Total del Plasma (PTP) y Recuento diferencial de leucocitos. Además se analizó el comportamiento del polígono de frecuencia de la longitud mayor de los eritrocitos. Se consideraron dos niveles de desnutrición: moderada (15 días) y severa (100 días). Para el Ht y el Recuento diferencial de leucocitos se realizó por el método estándar, la hemoglobina por medio de hemoglobinometro, y PTP por método gravimétrico con el uso de un refractómetro. Los resultados de Ht y Hb se incrementaron en la desnutrición moderada en *I. punctatus* y *M. salmoides*, mientras que en *M. saxatilis* decrecen, PTP decrece en *I. punctatus* y *M. salmoides* pero en *M. saxatilis* se incrementa, los trombocitos se incrementan y el tamaño de los eritrocitos decrece en las tres especies indicado por el polígono de frecuencia. En la desnutrición severa para *I. punctatus*, *M. saxatilis* y *M. salmoides*, Ht y Hb decrecen, PTP y trombocitos se incrementa y la población de los eritrocito es heterogénea en tamaño en las tres especies. Concluyendo que los parámetros hematológicos más sensibles son Ht, Hb, PTP y Polígono de frecuencia que varían desde estadios temprano de la desnutrición y por su fácil interpretación es factible su aplicación tanto en la Acuacultura como para conocer el grado de desnutrición de los peces en el medio ambiente natural.

Introducción.

La desnutrición en peces silvestres o en condiciones de cultivo, es un factor determinante en el crecimiento y reproducción, además de jugar un papel importante en enfermedades epizoóticas, que involucran a patógenos oportunistas. Algunos de los parámetros del tejido sanguíneo varían por falta de alimento desde periodos tempranos, como se observa en el humano y especies domésticas. En el caso de peces es de interés detectar la desnutrición desde periodos incipientes, y de ser posible el factor que la está produciendo. En el presente trabajo se seleccionaron tres especies de peces de diferentes niveles tróficos, *Ictalurus punctatus, Morone saxatilis y Micropterus salmoides*, y los parámetros hematológicos analizados fueron Microhematocrito (Ht), Hemoglobina (Hb), Proteína Total del Plasma (PTP), polígono de frecuencia de la longitud mayor de los eritrocitos y el Recuento diferencial de leucocitos.

Antecedentes.

Los tipos más comunes de índices de condición son rangos entre características morfológicas y anatómicas, como es el factor de condición K, dado por la ecuación $K = W \times 10^5/L^3$, y un deterioro en este factor es usualmente interpretados como agotamiento de reservas de energía, lo que conlleva al estrés o estrictamente a la desnutrición (Goede y Barton, 1990).

Para el diagnóstico de peces enfermos es necesario conocer la anatomía e histología de peces normales para la confrontación de resultados. La necesidad de obtener sangre para realizar análisis hematológicos y química sanguínea deberá de tomarse de peces vivos, por diferentes métodos como punción cardiaca, punción de la vena caudal o seccionando el pedúnculo caudal y posteriormente usar alguno de los métodos de preservación (Post, 1987).

Joshi (1980), en un estudio hematológico en 33 especies de peces, reportó para *Amblypharyngodon sp.*, una hemoglobina media de 3.6 ± 0.9, y para *Heteropneustes sp.*, de 16.2 ± 4.6 gr/100ml, en Ompuk un media de hematocrito de 25.3 ± 3.8 y en *Anabas sp.* de $40.4 \pm 3.5\%$, encontrando que la Hb y Ht son usualmente alto en peces

17

de talla grande, activos, respiración aérea y preferentemente viviendo en hábitats lenticos, en cambio en peces pequeños, menos activos, sin respiración aérea y viviendo en hábitats preferentemente loticos, los valores son menores.

Scott (1981), evaluó la hipoxia subletal prolongada en subadultos de Bagre de Canal (*Ictaluru punctarus*), usando parámetros hematológicos para la evaluación del estado fisiológico, encontrando que la hemoglobina corpuscular media, ácido láctico en plasma y glucosa plasmática difieren significativamente de los controles en los períodos de 24, 48 y 72 hr., en cambio el hematocrito, proteína total del plasma, conteo total de eritrocitos, conteo total de leucocitos, volumen corpuscular medio y recuento diferencial de leucocitos no son indicadores sensibles para evaluar el estado fisiológico bajo esta condición.

Blaxhall (1973), analizó la sangre de la trucha café (*Salmo trutta*), reportando para Hb $\overline{X}$=6.83±1.48 gr/100ml (Rango 4.1-10.3), Ht $\overline{X}$=34±4.88% (Rango 20-43), conteo de eritrocitos $\overline{X}$ =0.995±0.16 millones/mm^3(Rango 0.606-1.320), sedimentación eritrocítica $\overline{X}$=2.6 ±0.7 mm/h (Rango 1.5), conteo total de leucocitos $\overline{X}$ =11536 ±9061/mm^3 (Rango 2000-63000), conteo diferencial de leucocitos, linfocitos $\overline{X}$ =90±8.9% (Rango 56.100), neutrófilos $\overline{X}$ =6.6±6.5% (Rango 0-25), metamielocitos $\overline{X}$ =1.6±1.9% (Rango 0-8), blastos $\overline{X}$ =0.3±0.7% (Rango 0-4), encontrando que los rangos de estas pruebas son muy amplios, mostrando la necesidad de establecer valores para peces sanos, enfermos y varias condiciones de estrés en ese orden, para ayudar en la evaluación diagnóstica.

Kawastu (1966), determinó las características hematológicas de la anemia causada por desnutrición en la Trucha Arco iris por un período de doce semanas, como son la presencia de eritrocitos microcitos y desaparición de célula inmadura. El recuento por dilución de eritrocitos así como los valores de hemoglobina se incrementaron en los estadios tempranos de la desnutrición (2da. Semana), pero decrecieron al final de la 12ª semana con la aparición de anemia.

Kawatsu (1974), estudió los cambios hematológicos en trucha arco iris durante un período de desnutrición de 110 días, examinándolo a los 2, 25, 80 y 110 días después de su último alimento, sufriendo un decrecimiento el conteo por dilución de glóbulos rojos, hemoglobina y hematocrito, caracterizándose esta anemia por eritrocitos microcitos hipocromicos, sin cambio en la hemoglobina corpuscular media, acompañándose por ausencia de eritrocitos inmaduros y una baja concentración de proteína del plasma, los neutrófilos y las células alargada (spindle) decrecen en número durante el desarrollo de la investigación pero sin cambio significativo en los linfocitos, determinando que estos cambios hematológicos se comportan igual en trucha café de 2 años de edad y peces pequeños.

Tisa (1983), determinó los valores de ocho características hematológicas en 40 ejemplares adultos de *Morone saxatilis*, capturados en reservorios naturales de agua dulce, encontrando los parámetros hematológicos entre los siguientes rangos: hematocrito 31 – 38%, hemoglobina 7 – 11 gr /100 ml; osmolalidad del plasma 321 – 381 mOs; cloro del plasma 129 – 156 meq/L; glucosa del plasma 77 – 118 mg/100 ml, cortisol plásmico 0.77 – 6.33 mgr/100 ml., proteína total del plasma 4.3 – 4.9 gr./100 ml, cuyos valores generalmente coinciden con robalos rayados aparentemente sanos de reservorios de agua salada.

Grizzle y Rogers (1976), citaron para el bagre de canal los siguientes valores hematológicos: hematocrito 29 – 47%; conteo total de eritrocitos 2.44 X 10^6; conteo total de leucocitos 164.0 X 10^3; linfocitos 89.9 X 10^3; trombocitos 68.4 X 10^3; neutrófilos 5.2 X 10^3; hemocitoblastos 0.5 X 10^3; no encontrándose eosinófilos y macrófagos, indicando con esto la ausencia de monocitos.

Breazile (1982), determinó los valores para los siguientes parámetros hematológicos en el bagre de canal: proteína del plasma 3.98 gr/dl (1.34), una media para hemoglobina de 3.96gr/dl (1.85), microhematocrito 22.7% (7.2), recuento por dilución de glóbulos rojos 1.61 X 10^6/mm^3 (5.8 X 10^5), VGM 138.8m^3 (53.7) HGM 21.5 mgr (12.9), CHGM 16.5% (8.8) recuento por dilución de glóbulos blancos 2.81 X 10^5/mm^3 (1.4 X 10^5). Para el recuento diferencial de glóbulos blancos, neutrófilos 7% (5), trombocitos 54.9% (17.2) y linfocitos 37.5% (15.6).

Cannon (1980), determino con microscopio de campo claro, contraste de fase y microscopio electrónico, los siguientes tipos de leucocitos para bagre de canal: trombocitos (54%) con un tamaño de 6 a 13 micras, forma de la célula ovoide o redondeada, pocos gránulos azurófilos inespecíficos, núcleo ovoide, redondo o bilobulado; linfocitos pequeños (20%) con un diámetro de 5 micras, células redondas, citoplasma azul cielo, gránulos azurófilos inespecíficos, núcleo redondo, ocasionalmente de 1 a 2 nucléolos; heterófilos maduros (1.5%) talla de 7 – 13 micras, forma redonda u ovoide, citoplasma azul grisáceo, abundantes gránulos (60-200) específicos, núcleo excéntrico redondo, ovoide o bilobulado, ausencia de nucléolo; monocitos (8%) con un diámetro entre 7-17 micras, célula redonda ocasionalmente con pseudopodia, citoplasma azul-verdosa, pocos gránulos azurófilos, núcleos de forma de cerebro, reniforme o doblado en sí mismo, nucléolos de 1 a 2; células no identificadas (3%) con un diámetro de 5-16 micras, redondas, gránulos azurófilos, núcleo usualmente redondo con nucléolos de 0-5, no encontrado eosinófilos ni basófilos.

Tomasso (1983), reportó un decrecimiento en el leucocito y un incremento en la concentración de corticosteroides en el plasma en Bagres de canal estresados por confinamiento. El hematocrito no varía significativamente durante períodos de 24 horas y el decrecimiento del leucocito está dado por la disminución del número de linfocitos.

Klar et al., (1986), determinó anemia severa para bagre de canal y bagre azul en 39 de 166 granjas del oeste-central de Alabama en 1983, asociándola con la dieta, pero no con bacterias, parásitos o química del agua. La inducción de anemia en bagres de canal con dieta alimenticia de dichas granjas la sugiere como el agente causal y no el medio ambiente del estanque. El valor del hematocrito en peces moribundos fue de 0 a 5%, branquias pálidas o blancas, exoftalmia, abdomen extendido, hígado grisáceo, riñón y bazo de rojo ladrillo a rosa, aumentando la mortalidad de los peces y alcanzando hasta 5% por estanque.

Plumb (1986), reporta 70 casos de anemia severa y muerte en Bagres de Canal cultivados durante 1983 en los estados de Alabama y Georgia atribuidos al alimento, los peces presentaban un hematocrito de 1-9%, otros peces aparentemente sanos de los mismos estanques presentaban un hematocrito menor al 20%. Al realizar un bioensayo con el alimento de prueba encontró que a los 14, 21 y 28 días, los hematocritos disminuían entre 1-9%, así como la concentración de hemoglobina y el conteo de eritrocitos por dilución 1.36 x 10^6/mm^3, en cambio el conteo de leucocitos por dilución, así como el tiempo de sangrado no se veían afectados significativamente.

Noyes *et al.*, (1991), reportan siete casos de anemias idiopática severa en bagre de canal, encontrando los valores hematológicos siguientes: Hematocrito de 1 y 10%, recuento por dilución de eritrocitos en un rango de 12300 a 995000 cels/ml, leucocitos en un rango de 9200 a 133500 cels./ml. En el estudio histopatológico se encontró tejido hematopoyético del Bazo, Cabeza del Riñón y Tronco del Riñón necrosado; Esteatosis en Hígado y descamación, edema y necrosis en intestino. Sugiriendo la causa de mala absorción principalmente a la deficiencia de Vitamina B_{12} y Ac. Fólico.

Kawatsu y Ikeda (1988), determinó la dosis del Menadion Dimetilpirimidol Bisulfato (MPB) como agente antianémico en carpa común por efecto del molinato el cual es un herbicida de uso común, indicando los datos de mortalidad y niveles de hemoglobina. El MPB es efectivo a una estimación de 3.6 ppm en agua con una concentración de 0.10 ppm de molinato y 32.4 ppb en agua cuando el molinato se presenta a 0.32 ppm. Para el grupo control se obtuvo un rango de nivel de hemoglobina de 7.0 a 13.0 gr/100 ml.

Esch y Hazen (1980), analizan el efecto prolongado del agua caliente producida por un reactor nuclear sobre la Lobina Negra y la frecuencia de la enfermedad ulcera-roja producida por *Aeromonas hydrofila*. La población muestreada la dividieron en dos grupos, uno con coeficiente de condición K < 2.0 y otro con K >2.0, determinando algunos parámetros hematológicos. Para el grupo con K < 2.0 encontraron un

21

hematocrito de 34.8% (0.7), una hemoglobina de 7.6 gr/dl (0.2), cortisol 14.9 mg/dl (0.8), recuento por dilución de eritrocitos de 5.6 x 10^6/mm^3 (0.3), recuento por dilución de leucocitos de 22.0 x 10^3/mm^3 (1.1), granulocitos 7.1% (3.1), linfocitos 52.8% (43.2) monocitos 3.3% (1.0), trombocitos 1.9% (0.4); para el grupo con K>2.0, un hematocrito de 42.0% (0.03), hemoglobina 9.2 gr/dl (0.01), cortisol 12.4 mg/dl (0.4), recuento por dilución de eritrocitos 6.8 x 10^6/mm^3(0.2), recuento por dilución de leucocitos 28.7 x 10^3/mm^3(0.9), granulocitos 4.6% (0.9), linfocitos 57.5% (30.0), monocitos 2.6%(0.5), trombocitos 37.8% (16.5) y reticulocitos 2.5% (0.3). Encontrando que la alta temperatura del agua reduce la condición de los peces, aumentando la prevalencia de la enfermedad ulcera-roja debido a la estimulación de la actividad metabólica, decreciendo las fuentes de energía y reflejándose en los parámetros sanguíneos estudiados.

Garofano (1982), indicó que los peces se pueden usar como monitores de cuerpos de agua contaminados con cadmio. En su estudio revela que el cloruro de cadmio en altas concentraciones producen una baja de eritrocitos y un aumento en leucocitos en *Ictalurus nebulosus*. Prasad *et al.*, (1987), estudio el efecto de diferentes concentraciones de extractos de petróleo crudo sobre el bagre (*Heteropneustes fossilis*), mediante el análisis hematológico, encontrando niveles bajos de hemoglobina, incremento en el hematocrito, hiperglicemia y aumento en la concentración del ácido ascórbico, demostrando que los efectos son reversibles al regresar al bagre a su medio natural.

Lohner *et al.*, (2001), evaluaron en poblaciones de peces sol (*Lepomis sp.*), colectados en el río Ohio y afluentes que reciben descargas de cenizas de carbón, y el efecto de bajas concentraciones de Selenio. Encontrando que la concentración de Selenio, Cobre y Arsénico fueron estadísticamente altas en los tejidos de peces muestreados expuestos con respecto a los peces de referencia. Leucopenia, linfocitosis y neutropenia fueron evidentes en peces expuestos. Los valores del conteo de glóbulos blancos por dilución y el porcentaje de linfocitos, fueron significativamente correlacionados con la concentración de *Se* en el hígado. Los niveles de proteína en el plasma fueron significativamente menores en peces expuestos indicando que puede haber un estrés nutricional. El factor de condición y rango de crecimiento no presentaron diferencias significativas entre los peces expuestos y los de referencia, considerando a los parámetros hematológicos y el análisis de la concentración de Selenio en el hígado como herramientas de diagnóstico.

Silveire-Coffigny *et al.*, (2004), estudiaron en *Oreochromis aureus* el efecto de diferentes condiciones de estrés, infección bacteriana, intoxicación por nitritos, dosis excesiva de verde de malaquita, su efecto en los índices hematológicos y su relación con la condición de salud. Los peces mostraron anemia microcítica bajo la infección bacteriana experimental por *Corynebacterium sp.;* anemia, neutrofilia y deformación de eritrocitos por intoxicación de nitritos y dosis excesiva de medicación con verde de malaquita.

Beker *et al.*, (2005), compararon los parámetros hematológicos: Hematocrito, Hemoglobina, la Concentración Media de Hemoglobina, composición iónica, concentración de metabolitos y Proteína Total del Plasma, bajo condiciones de esfuerzo, en *Acipenser oxyrinchus* y *Acipenser brevirostrum*, encontrando diferencias en la osmolaidad del plasma, concentración de Na^+, Cl^-, lactato, cortisol, y proteína total, el resto de los parámetros no presento diferencia significativa.

Jamalzadeh y Ghomi (2009), realizaron un estudio hematológico con *Salmon trutta caspius*, encontrando que en el invierno aumentan los monocitos, eosinófilos y neutrófilos con respecto a las otras estaciones del año. El valor del hematocrito, conteo por dilución de leucocitos, linfocitos y linfocitos grandes son mayores en los organismos pequeños que en los adultos.

Adeyeno *et al.*, (2009), reportan cambios hematológicos en el bagre africano (*Clarias garipinus*), bajo condiciones simuladas de manejo y transporte, encontrando un incremento en los linfocitos, pero no hubo diferencia significativa en microhematocrito, hemoglobina, leucocitos y eosinófilos.

Galeano *et al*., (2010), reportan los valores hematológicos de *Porichthys porosissimus*, muestreados en Bahía Blanca, Argentina, lugar presionado por la contaminación urbana e industrial. Los valores para eritrocitos fueron de 1.32 ±0,32 x 10^6/μl, leucocitos 3314.8 ±2058.8 /μl, hemoglobina 8.13 ±1.18g/dl, hematocrito 36.17 ±6.03%, volumen corpuscular medio (VCM) 295.14 ±90.02fl, hemoglobina corpuscular media (HCM) 65.68 ±22.32pg, y una concentración de hemoglobina corpuscular media (CHCM) 23 ±4.92%. La proteína plasmática en otoño fue de 4.059 ±0.971 g/dl, y descendió en primavera a 2.477 ±0.369g/dl. Se describen seis tipos de células sanguíneas, eritrocitos, linfocitos, eosinofilos, neutrofilos, trombocitos y monocitos.

Akinrotimi *et al*., (2010), analizaron 60 ejemplares adultos de *Tilapia guineensis* reportando los siguientes valores hematológicos, hematocrito 22.67 ±2.14%, hemoglobina 7.72 ±1.20g/dl, leucocrito 7.81 ±1.14%, conteo por dilución de leucocitos 30.02 ±2.50 células $x10^9$ g/l, conteo por dilución de eritrocitos 2.58 ±0.69 células $x10^9$ g/l, trombocitos 40.65 ±3.14%, neutrófilos 20.45 ±2.21%, linfocitos 35.46 ±4.7% y monocitos 3.12 ±1.00%.

Material y Métodos

El presente estudio se realizó con ejemplares de las siguientes especies: Bagre de Canal (*Ictalurus punctatus* Rafinesque, 1818), Lobina Negra (*Micropterus salmooides* Lacépède 1802) y Robalo Rayado (*Morone saxatilis* Walbaum, 1792). Proporcionados por Uvalde National Fish Hatchery, U.S. Fish and Wildlife Service. Uv. Tx.

El número de ejemplares muestreados para el Bagre de Canal y Lobina Negra fue de 45 para cada especie y para el Robalo Rayado de 42. Teniendo un total de 132 peces sujetos a estudio, dividiéndose en lotes control, desnutrición moderada y severa (Tabla 1), los peces fueron sacados de los estanques de engorda y colocados en piletas (8X1X1 mts.) o tinacos (1,000 litros). Para establecer el síndrome anémico causado por desnutrición en los peces, se les retiro por completo el alimento desde su confinamiento hasta el día que se obtuvo la muestra sanguínea para su análisis.

Tabla No. 1 se indica la relación completa de las especies estudiadas, el tiempo de desnutrición y el número de peces sujetos a análisis hematológicos.

ESPECIE	CONTROL		DESNUTRICIÓN MODERARA		DESNUTRICIÓN SEVERA	
	TIEMPO (días)	No. De ejemplares	TIEMPO (días)	No. De ejemplares	Tiempo (días)	No. De ejemplares
Ictalurus punctatus	0	15	18	15	101	15
Micropterus salmoides	0	15	18	15	110	15
Morone saxatilis	0	15	15	15	70	12

Antes de proceder a extraer la sangre de los peces para su análisis, se registró la longitud total y peso en de cada uno de los ejemplares, para determinar el coeficiente de condición K.

Se puncionó la vena caudal del pez para obtener la muestra de sangre, con jeringa desechable y aguja de 22 x 32 mm., previamente humedecidas con heparina (10,000 U.I.). El volumen de sangre colectado fue de 0.3 ml. a 1 ml.

El microhematocrito se realizó llenando capilares heparinizados de la mitad a ¾ partes, la sangre se tomó directamente de la jeringa con la que se había hecho la colecta, sellándose por el extremo donde se realizó el llenado con Critoseal. Los capilares fueron centrifugados a 11000 r.p.m., por espacio de 5 minutos (Clay Adams, Div. Of Beckton, Dickenson and Company, modelo 0200, No. 113038). Utilizando un lector para Microhematocrito se realizó la determinación correspondiente (Blaxhall y Daisley, 1973).

Para determinar la proteína total del plasma, se utilizaron los capilares centrifugados para la prueba del microhematocrito, los cuales fueron seccionados, tomando solamente la porción del plasma, el cual se colocó en un refractómetro (modelo 100/B, National Instrument Company, Inc.), para determinar por gravimetría la proteína del plasma, haciendo la lectura en la escala con unidades gr/dl. (Ikeda y Ozaki, 1982).

Para medir la cantidad de Hemoglobina se utilizó un Hemoglobinómetro (BMS, modelo AO) colocando una gota de sangre (0.1 ml.) en la cámara en su compartimento, observar por el ocular, deslizando el indicador de la escala hasta igualar los colores de la pantalla, se toma la lectura en la escala exterior donde se estaciona el indicador.

El recuento diferencial se determinó realizando un frotis de sangre teñidos con Giemsa. El frotis se observó bajo el microscopio (Carl Zeiss Standard K-4), con objetivo de inmersión (100X), deslizando el frotis para revisar diferentes campos, hasta contar cien células blancas incluyendo trombocitos, para determinar la proporción de cada una de ellas (Blaxhall y Daisley, 1973).

Para determinar el polígono de frecuencia de la longitud mayor de los eritrocitos se utilizó un micrómetro ocular (CPL W 10X/18, Carl Zeiss), y objetivo de inmersión (100X), se realizó la observación en 100 eritrocitos para cada pez muestreado.

Resultados.

La media del factor de condición K decreció en los lotes bajo desnutrición con respecto al control en las tres especies, en los lotes de lobina negra se detectó un ligero incremento solo entre la desnutrición moderada con respecto a la severa (Tabla 2).

Tabla 2. Relación del factor de condición K en las diferentes especies, en condiciones de desnutrición moderada y severa.

Especie	Factor de condición K		
	Testigo	Desnutrición moderada	Desnutrición severa
Ictalurus punctatus	3.2	0.9	0.4
Micropterus salmoides	1	0.2	0.4
Morone saxatilis	3.5	1.3	0.04

El parámetro de Microhematocrito se incrementó en la desnutrición moderada en el bagre de canal y en la lobina negra, pero decreció en el robalo rayado, en cambio en la desnutrición severa decrece en las dos primeras especies y para el robalo rayado se incrementa. En la desnutrición severa el microhematocrito decrece en el bagre de canal y la lobina negra, mientras que en el robalo rayado se incrementa (Tabla 3).

Tabla 3. Se presentan las medias (±DS) del microhematocrito, el resultado de la ANOVA para el control, desnutrición moderada y desnutrición severa, y la comparación múltiple de medias de Tukey.

Especie	Microhematocrito (%)			
	Testigo	Desnutrición moderada	Desnutrición severa	
Ictalurus puntatus	30.64(±0.44) a	37.36(±0.14) b	31.04(±0.10) a	F=5574.94 p< 0.05
Micrpoterus salmoides	28.26(±0.56) a	33.99(±0.79) b	22(±0.62) c	F=46.20 p< 0.01
Morone saxatilis	31.19(±0.67) a	26.4(±0.48) b	31. 72(±0.48) a	F=83.59 P< 0.05

La hemoglobina se incrementó en la desnutrición moderada en el bagre de canal y la lobina negra, pero decreció en el robalo rayado, y en la desnutrición severa decreció en las dos primeras especies pero aumento en la última especie (Tabla 4).

Tabla 4. Se presentan las medias (±DS) de la hemoglobina, resultado de la ANOVA para el control, desnutrición moderada y desnutrición severa, y la comparación múltiple de medias de Tukey.

Especie	Hemoglobina gr/ 100ml			
	Testigo	Desnutrición moderada	Desnutrición severa	
Ictalurus puntatus	7.08(±0.09) a	9.78(±0.26) b	6.64(±0.06) c	F=330.92 p< 0.01
Micrpoterus salmoides	5.10(±0.20) a	7.76(±0.25) b	4.35(±0.10) c	F=256.79 P< 0.01
Morone saxatilis	7.6(±0.29) a	6.74(±0.05) b	7.21(±0.11) a	F=17.29 p< 0.01

La PTP se incrementa en la desnutrición moderada en la lobina negra y en el robalo rayado pero decreció en el bagre de canal, mientras que en la desnutrición severa decrece en las dos primeras especies, y en el bagre de canal se incrementa ligeramente (Tabla 5).

Tabla 5. Se presentan las medias (±DS) de la proteína total plasma, el resultado de la ANOVA para el control, desnutrición moderada y desnutrición severa, y la comparación múltiple de medias.

Especie	Proteína Total del Plasma (gr/dl)			
	Testigo	Desnutrición moderada	Desnutrición severa	
Ictalurus puntatus	4.14(±0.08) a	3.35(±0.1) b	3.62(±0.03) c	F=88.51 p< 0.01
Micrpoterus salmoides	4.31(±0.08) a	4.56(±0.07) a	3.72(±0.34) b	F=13.20 p< 0.01
Morone saxatilis	3.07(±0.08) a	4.61(±0.006) b	3.56(±0.02) c	F=902.58 p< 0.01

27

En el recuento diferencial de leucocitos, la célula que se incrementa tanto en la desnutrición moderada y severa son los trombocitos, para las tres especies las demás células aunque presentan modificaciones son inconstantes su presencia.

El comportamiento del polígono de frecuencia de la longitud mayor de los eritrocitos para las tres especies estudiadas presentó un deslizamiento hacia la izquierda en la desnutrición moderada, y en la desnutrición severa se observa una distribución más proporcional de las diferentes clases.

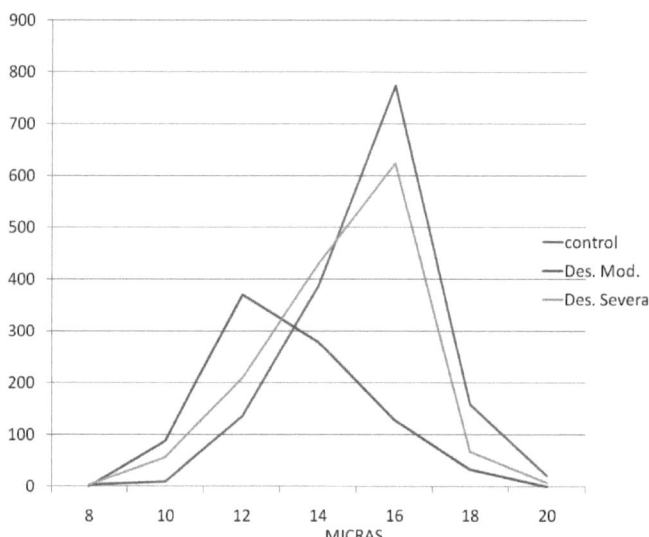

Figura 1.- Polígono de Frecuencia para *Ictalurus punctatus*.

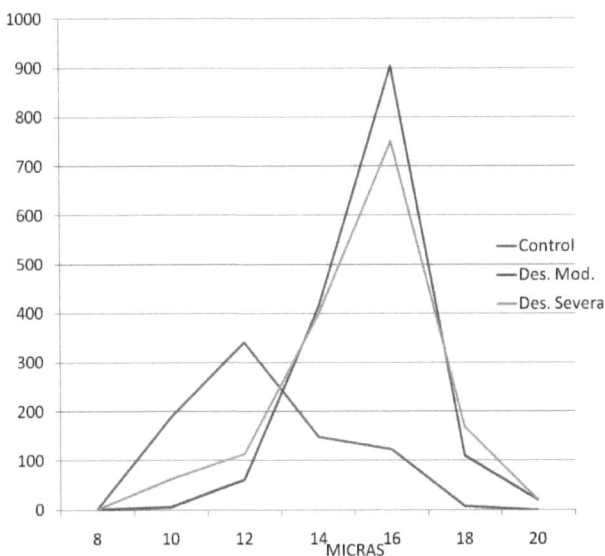

Figura 2.- Polígono de Frecuencia para *Micropterus salmoides*.

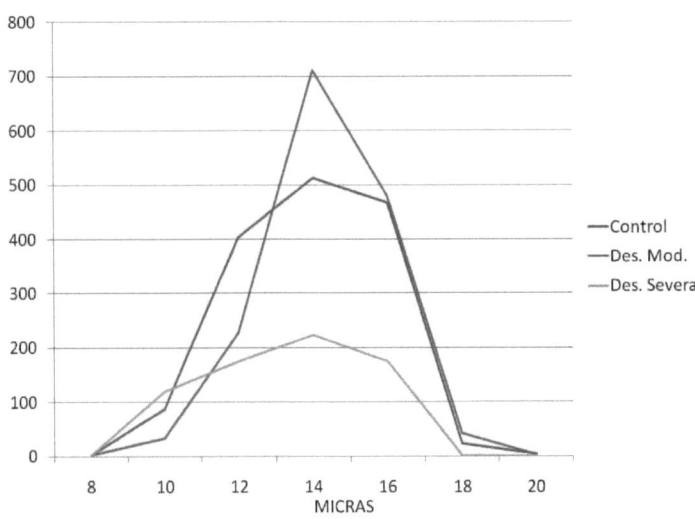

Figura 3.- Polígono de Frecuencia para *Morone saxatilis*.

Discusión y Conclusión.

Los valores del microhematocrito obtenidos para el bagre de canal, tanto en el lote testigo como en condiciones de desnutrición son mayores que los reportados por Grizzle y Rogers, 1976 y Brazile 1982, y no se encontraron valores tan bajos como los reportados en bagres desnutridos (Klar *et al.*, 1986; Plumb 1986 y Noyes *et al.*, 1991). Los valores de hemoglobina reportados en el presente trabajo para los lotes bajo desnutrición del bagre de canal son superiores a los reportados por Brazile (1982), en peces sanos, pero se encuentran en el rango reportado para otras especies (Tisa, 1983; Kawatsu y Ikeda, 1988; Galeano, 2010; Akinrotimi 2010). La proteína total del plasma en los lotes bajo desnutrición del bagre de canal es similar a los reportados por Brazile (1982) y Galeano (2010).

El microhematocrito reportado en los lotes bajo desnutrición de lobina negra es parecido a los reportados por Esch y Hazen (1980) así como para otras especies (Kawatsu, 1974; Akinrotimi, 2010). Los valores de hemoglobina de las lobinas bajo tratamiento son iguales a las reportadas por Esch y Hazen (1980), y menores a las reportadas por otras especies (Galeano, 2010; Akinrotimi, 2010). Los valores de proteína total del plasma de lobinas desnutridas están dentro del rango de otras especies (Brazile, 1982; Galeano 2010).

En el robalo rayado el microhematocrito y la hemoglobina es menor en el lote bajo desnutrición moderada, mientras que en la severa es parecido al reportado por Tisa (1983). La proteína total del plasma en los lotes bajo desnutrición está en los rangos reportados para otras especies (Brazile, 1982; Galeano, 2010).

El recuento diferencial de leucocitos, las células presentes en las tres especies son los trombocitos y se incrementan conforme transcurre la desnutrición el resto de las células son variadas e inconstantes.

El polígono de frecuencia en las tres especies estudiadas en estadios incipientes de desnutrición se desliza hacia la derecha y si la desnutrición se prolonga se desliza hacia la izquierda o se hace heterogénea. Indicando que al principio de la desnutrición no se forman eritrocitos, y que al continuar bajo condiciones de desnutrición se forman hematíes con los pocos aminoácidos disponibles por lo cual se generan diferentes tamaños.

Los parámetros de Microhematocrito, Hemoglobina y Proteína total del Plasma y el análisis del polígono de frecuencia de la longitud mayor de los eritrocitos son sensibles a los diferentes periodos de desnutrición. Dependiendo de la especie y los parámetros fisicoquímicos del agua, la desnutrición se reflejará en forma más temprana en los parámetros hematológicos mencionados anteriormente. El incremento de los trombocitos junto con el análisis de los otros parámetros hemáticos nos pueden diagnosticar un proceso de desnutrición.

Literatura Citada

Adeyemo, O.K., Naigaga I. & Alli, R.A. (2009) Effect of handling and transportation on Heamatology of Catfish (*Clarias gariepinus*). J. of Fisheries Sciences.com 3(4): 333-341.

Agrawal S.J. & Srivastava K. (1980) Hematological reponses in fresh water fish to experimental manganeso poisoning. Toxicology 17: 97-100.

Akinrotimi, O.A., Abu, O.M.G., Bekibele, D.O., Udeme-naa, B. & Aranyo, A.A. (2010). Haematological Characteristics of *Tilapia guineensis* from Buguma Greek, Niger Delta, Nigeria. EJEAFChe, a(8) 1415-1422.

Banerjee, S. & Banerjee, V. (1987) Erytrocytes and related parameters in *Heteropneustes fossilis* (Bloch) with special reference to body length, sex and season. J. Adv. Zool. 8 (2): 67-72.

Beker,D.W., Wood, A.M., Lituak, M.K. & Kieffer, J.D. (2005) Heamatology of juvenile *Acipenser oxyrinchus* and *Acipenser brevirostrum* at rest and following forced activity. J. of Fish. Biol. 66: 208-221.

Blaxhall, P.C. & Daisley (1973) Routine hematological methods for use with fish blood. J. Fish. Biol. Vol. 5 pp: 771-781.

Breazile, J.E., Zinn, L.L., Yauk J. C., Mass, H.J. & Wollscheid, J. (1982). A study of hematological profiles of channel catfish, *Ictalurus punctatus*_(R). J. Fish. Biol. Vol. 21. pp: 305-309.

Cameron T.N., (1970) The influence of environmental variables on the hematology of pingfish (*Lagodon rhomboids*) and striped Mullet (*Mugil cephalus)*. Comp. Biochemic. Physol. 32: 175-193.

Esch, G. W. & Hazen, T.C. (1980). Stress and Body Condition in a Population of Largemouth Bass: Implications for Red-Sore Diseases. Transactions of the American Fisheries Society 109: 532-536.

Galeano, N.A., Prat, M.I., Gualiardo, S.E., Schwerdt, C.B. & Tanzola, R.D. (2010) Características hematológicas *Porichthys porosissimus* (Pisces: Batrachoidiformes) en el estuario de Bahía Blanca, Argentina. Analecta Vet. 30(1): 5-11.

Garofano, J.S. & Hirshfield, H.I. (1982) Peripheral Effects of Cadium on the Blood and Head Kidney in the Brown Bullhead (*Ictalurus nebulosus).* Bull Environm de Contam. Toxicol. 28. 552-556.

Goede, R. W. & Barton, B.A. (1990). Organismic Indices and Autopsy- Based Assessment as Indicators of Health and condition of Fish. American fisheries Society Symposium 8:93-108.

Grizzle, J.M. & Rogers, W.A. (1976) Anatomy & Histology of the Channel Catfish. Auburn University. Agricultural Experiment Station. 1a. Edición. pp: 15-18.

Jamalzadeh, H.R. & Ghomi, M.R. (2009). Hematological parameters of Caspian salmon *Salmon trutta caspius* associnted with age and season. Marine and Freshwater Behaviour and Physiology. Vol. 42 (1): 81-87.

Joshi, B.D. (1980) An some normal hematological values of some freshwater teleosts. Nat. Acad. Sci. Letters, Vol. 3, No. 8 pp: 251-254.

Kawatsu, H. (1966). Studies on the anemia of fish- I. Anemia of Rainbow Trout caused by starvation. Bull of Freshwater Fisheries Research Laboratory. Vol. 15, No. 2. pp: 167-173.

Kawatsu, H. (1974) Studies of the anemia of fish VI. Futher note on the anemia caused by starvation in Rainbow trout. Bull. Freshwater Fish. Res. Lab. Vol. 24, No. 2 pp: 89-94.

Kawatsu, H. & Ikeda, T. (1988) Anti-anemic effect of Menadione Dimethylpyrimidinol Bisulfite against Molinate-induced anemia in Cammon Carp. Nippon Suisan Gakkaish, 54 (10). pp: 1731-1736.

Klar, G.T., Hanson, L.A. & Brown, S.W. (1986) Diet Related Anemia in Channel Catfish: Case history and Laboratory Induction. The Progressive Fish-Culturist 48 pp: 60-64.

Lemly A.D. (2002) Symptoms and implications of selenium toxicity in fish: the Belews Lake case example. Toxicology 57 (1-2): 39-49.

Lim, Ch. & Lowell, R. (1978) Pathology of the Vit. C deficiency syndrome in Channel Catfish (*Ictalurus punctatus*). The Journal of Nutrition Vol. 108, No. 7 pp: 1137-1146.

Lohner T.W., Reash R.J. & Ellen V. (2001) Assessment of Tolerant Sunfish Populations (*Lepomis sp*) Inhabiting Selelenium-Laden Coal Ash Effluents. 1. Hematological and Population Level Assessnent. Ecotoxicology and Enviromental Safety 50 (3): 203-216.

Noyes A.D., Grizzle J. M. & Plumb J.A. (1991) Hematology and Histopathology of an Idiopathic Anemia of Channel Catfish. Journal of Aquatic Animal Health 3. pp: 161-167.

Plumb, J.A.; Horowitz, S.A. & Rogers. W.A. (1986). Feed-Related anemia in cultured Channel Catfish (*Ictalurus punctatus*) A quaculture, 51. pp: 175-179.

Post, G. (1987) Textbook of fish Health. 1a. Ed., Revised and Expander. Ed. T. F. H. Publications, Inc., N.Y. pp: 11-14, 225-240.

Prasad MS, *et al*. (1987) Some hematological effects of crude oil fresh water catfish (*Heteropneustes fossilis*). Bioch. Act. Hydrobiol 15.2 pp: 199-204.

Scott, A.L. & Rogers, W.A. (1981) Hematological effects of prolonged sublethal hypoxia on Channel catfish. (*Ictalurus punctatus*) (R). J. Fish Biol. pp: 591-601.

Sepúlveda, M.S., Gallagher E.P. & Gross, T.S. (2004). Physiological changes in largemouth bass exposed to paper mill effluensts under laboratory and field conditions Ecotoxicology. 13 (4): 291-301.

Silveira-Coffigny R., Prieto-Trujillo A, & Asecion-Valle F. (2004). Effects of different stressors in hematological variables in cultured *Oreochromis aureus* S. Conparative Biochemistry and Physiology Part C: Toxicology & Pharmacology. 139(4): 245-250.

Tisa, M.S. & Strange, R.J. (1983) Hematology of Striped Bass in Fres Water. Prog. Fish-Cult. 45 (1). pp: 41-44.

Tomasso J.R., (1981). Effects of Environmental, pH and calcium on ammonia toxicity in channel catfish, Transactions of the American Fisheries Society 109: 229-234.

Tomasso, J.R., Simco, B.A. & Davis, K.B. (1983). Circulating corticosteroid and leucocyte diynamics in Channel Catfish during net confinement. The Texas Journal of Science, Vol. XXXV. No. 1. pp: 83-88.

CAPITULO 3
Datos Hematológicos de la Víbora de Cascabel *Crotalus aquilus* del Altiplano Mexicano.

Francisco Javier Álvarez Mendoza, Elsa María Tamez Cantú, Jesús Montemayor Leal

Resumen

Las especies de serpientes venenosas, como es el caso de *Crotalus aquilus*, juegan un rol importante en la naturaleza ya que sus dietas principales son mamíferos pequeños como ratas y ratones, regulando así sus poblaciones y disminuyendo los daños en las cosechas y las posibles enfermedades que se pueden trasmitir al hombre. Por otro lado, el estudio hematológico en reptiles es un campo poco explorado aun reconociendo que la sangre participa en importantes funciones como la respuesta inmunológica como también en el transporte de nutrientes, gases y desechos metabólicos. Se hicieron determinaciones de parámetros hematológicos como el microhematocrito (ht), Leucocrito (Lc), Proteína Total del Plasma (PTP), Hemoglobina (Hb), Glóbulos rojos (Gr) y Glóbulos blancos (Gb) en especímenes colectados en tres localidades del altiplano mexicano y en ejemplares nacidos y mantenidos en cautiverio. Adicionalmente se realizaron frotis sanguíneos de 12 de los ejemplares muestreados, los cuales fueron teñidos con hemocolorantes (Hycell) y observados al microscopio de campo claro, determinando los tipos de células sanguíneas en base a su morfología. La comparación de las características hemáticas entre las poblaciones demostró que existe diferencia significativa solo en los valores del hematocrito, pero no en el resto de los factores evaluados. En el resto de las comparaciones, se obtuvieron valores promedio de 1.30 (Lc), 3.3 (PTP), 8.46 (Hb), 313,714 (Gr) y 20,365 (Gb) y no se observaron diferencias estadísticas significativas cuando se compararon las diferentes localidades, los sexos y los organismos silvestres contra los organismos obtenidos en cautiverio. El conocimiento sobre hematología de esta especie nos da las bases para conocer sus características y determinar su condición poblacional ya que es una especie endémica del altiplano mexicano sujeta a protección especial de acuerdo a la Norma NOM-059-SEMARNAT-2010.

Introducción

Las especies de serpientes venenosas, como es el caso de *Crotalus aquilus*, juegan un rol importante en la naturaleza ya que sus dietas principales son mamíferos pequeños como ratas y ratones, regulando así sus poblaciones y disminuyendo los daños en las cosechas y las posibles enfermedades que se pueden trasmitir al hombre. Así mismo, forman parte de la cadena alimenticia al ser presas de jabalíes, felinos y aves de rapiña, contribuyendo de esta forma a mantener el equilibrio ecológico de los ecosistemas, ya que actúan tanto como depredador que como presas. Adicionalmente las especies de serpientes venenosas presentan gran interés para los investigadores ya que sus venenos están siendo estudiados para la elaboración de fármacos y herramientas de diagnóstico, ya que estas sustancias se han visto implicadas en el tratamiento de epilepsias, poliomielitis, deficiencia senil, así como reguladores de presión sanguínea, entre otras formas de utilización.

Crotalus aquilus es una especie de tamaño mediano, no más de 68 cm de longitud total. El color del fondo del dorso varía de gris a gris verdoso, amarillo verdoso o marrón rojizo. Generalmente los machos adultos presentan tonalidades verdosas o amarillentas, mientras que las hembras presentan tonalidades de marrón a gris. Un par de manchas oscuras en la nuca son seguidas por 24 a 43 manchas a lo largo de la parte media del dorso. Con frecuencia se aprecia una serie de manchas pequeñas laterales. Pueden o no presentar una franja oscura postocular. El vientre es de tonalidades amarillentas o rosadas.

Es una especie endémica de México, Su área de distribución se limita al altiplano central de México en los estados de Guanajuato, Hidalgo, México, Michoacán y San Luis Potosí. La localidad tipo es "cerca de Álvarez, San Luis Potosí, México." Su rango altitudinal oscila entre 1080 y 3110 msnm. (Lazcano *et al*., 2009).

Vive sobre suelos rocosos y zonas accidentadas de bosques de pino-encino y bosques de robles, prados de hierba de montaña, zonas de mezquite-pastizal pedregosos y zonas rocosas, generalmente en las cercanías de los arroyos y otros cuerpos de agua. Puede ocurrir en las fronteras de los campos de cultivo, y se ha encontrado que son abundantes en las áreas de agaves cultivados. De actividad diurna y crepuscular, se trata de un animal tranquilo y tímido. Se alimenta principalmente de lagartijas, ranas y salamandras, pequeños roedores e invertebrados como grillos y arañas. Es una especie vivípara, el tamaño de la camada va de 3 a 7 crías. Los nacimientos ocurren en los meses lluviosos, el apareamiento ocurre en abril.

El color de esta especie es café grisáceo, con parches dorsales café oscuro a lo largo del cuerpo. En la cabeza se presenta un par de manchas café oscuro en la región de la nuca, así como franjas laterales café oscuro bordeadas de blanco que inician en la región preocular y supraocular, y terminan en las escamas supralabiales. La región ventral del cuerpo es de color crema y la zona caudal es crema con anillos café oscuro (Ramírez-Bautista *et al.*, 2000).

El tratarse de una especie endémica de México, hace relevante a *Crotalus aquilus*, sin embargo, el tratarse de una especie endémica únicamente de la región de la meseta central y partes de la Sierra Madre Oriental (Campbell y Lamar, 1989), hace de *Crotalus aquilus*, una especie única.

Por otro lado, el estudio hematológico en reptiles es un campo poco explorado, aun así se reconoce que la sangre es responsable de importantes funciones como la respuesta inmunológica, transporte de nutrientes, gases y desechos metabólicos para ser eliminados a través del hígado y riñón (Troiano, 2005, Alvarez *et al.*, 2011).

La evaluación hematológica es una herramienta importante para analizar el estado de salud de los animales y diagnosticar enfermedades (Allender *et al.*, 2006), inclusive antes de que aparezcan los síntomas y es de gran relevancia en el acompañamiento de los tratamientos, ofreciendo datos que posibilitan al médico veterinario evaluar la respuesta terapéutica (Naves *et al.*, 2006; Martínez-Silvestre *et al.*, 2011).

Alves *et al.*, (2014) evaluaron los parámetros hematológicos de la serpiente de cascabel brasileña *Crotalus durissus terrificus* determinado el recuento de eritrocitos, hemoglobina (Hb), hematocrito, proteínas totales del plasma (TPP), volumen corpuscular medio (MCV), hemoglobina corpuscular media concentración (MCHC) y el recuento diferencial de leucocitos, en organismos silvestres (s) y en cautiverio (c).

El eritrograma mostró un número significativamente mayor de eritrocitos en el grupo S y mayor MCV en el grupo C. En el leucograma, las células más frecuentes en la sangre frotis fueron los neutrófilos y azurófilos, y el grupo S mostraron una disminución en los leucocitos totales, que refleja en un menor recuento de monocitos azurófilos en comparación con el grupo C.

Metodología

Los organismos fueron colectados en tres localidades del altiplano mexicano, Mineral del Chico, Hidalgo (Mineral del Chico es un Pueblo Minero enclavado en la Sierra de Pachuca, dentro del conocido corredor de la montaña, en el Estado de Hidalgo México. Es una cabecera del municipio homónimo), Mineral del Monte, Hidalgo (Mineral del Monte es una ciudad y cabecera del municipio homónimo del estado de Hidalgo) y en el municipio de pabellón de Arteaga, Aguascalientes. Los Organismos fueron depositados en el Centro de Propagación de Especies Ponzoñosas de la Facultad de Ciencias Biológicas de la Universidad Autónoma de Nuevo León donde se logró la reproducción en cautiverio.

Los ejemplares fueron divididos por localidad, por sexos y como silvestres o nacidos en cautiverio y se utilizaron solo las hembras que no presentaban gravidez.

El microhematocrito se realizó llenando capilares heparinizados de la mitad a ¾ partes, la sangre se tomó directamente de la jeringa con la que se había hecho la colecta, sellándose por el extremo donde se realizó el llenado, sellándose con Critoseal. Los capilares fueron centrifugados a 15, 000 r.p.m., por espacio de 5 minutos (Clay Adams, Div. Of Beckton, Dickenson and Company, modelo 0200, No. 113038). Utilizando un lector para Microhematocrito se realizó la determinación correspondiente (Blaxhall y Daisley, 1973).

Para determinar la proteína total del plasma, se utilizaron los capilares centrifugados para la prueba del microhematocrito, los cuales fueron seccionados, tomando solamente la porción del plasma, el cual se colocó en un refractómetro (modelo 100/B, National Instrument Company, Inc.), para determinar por gravimetría la proteína del plasma, haciendo la lectura en la escala con unidades gr/dl. (Ikeda y Ozaki, 1982).

Para medir la cantidad de Hemoglobina se utilizó un Hemoglobinometro (BMS, modelo AO) colocando una gota de sangre (0.1 ml.) en la cámara en su compartimento, observar por el ocular, deslizando el indicador de la escala hasta igualar los colores de la pantalla, se toma la lectura en la escala exterior donde se estaciona el indicador.

Para realizar el Recuento por Dilución de Eritrocitos se colocó sangre en una pipeta de Thoma para eritrocitos hasta la marca 0.5 y posteriormente se le agregó el líquido de Hayem hasta la marca del 101; haciendo una dilución 1:200; se mezcló la muestra durante 2 minutos y se desecharon las primeras 3 gotas para eliminar riesgos de que no se haya mezclado bien la solución con la sangre.

En la cámara de Neubauer se le cubrió con un cubreobjetos, después se agregó una gota de la dilución y esta se difundió por capilaridad dando así la muestra para trabajar y después se hizo el conteo de glóbulos rojos en el microscopio óptico con el objetivo seco fuerte (40x); haciendo el conteo por el método estándar.

En cuanto al Recuento por Dilución de Leucocitos, se colocó sangre en una pipeta de Thoma para leucocitos hasta la marca 0.5 y después se le agregó el líquido de Turk hasta la marca 11; haciendo así una dilución 1:20; Se mezcló la muestra durante 2 minutos y se desecharon las primeras 3 gotas para eliminar riesgos de que no se haya mezclado bien la solución con la sangre.

En la cámara de Neubauer se le cubrió con un cubreobjetos, después se agregó una gota de la dilución y esta se difundió por capilaridad dando así la muestra para trabajar y después se hizo el conteo de glóbulos blancos en el microscopio óptico con el objetivo seco fuerte (40x).

Adicionalmente se realizaron frotis sanguíneos de 12 de los ejemplares muestreados, los cuales fueron teñidos con hemocolorantes (Hycell) y observados al microscopio de campo claro, determinando los tipos de células sanguíneas en base a su morfología.

Resultados

Se tomaron muestras sanguíneas de un total de 28 ejemplares, de los cuales 9 eran provenientes de las tres localidades, y el resto habían nacido en cautiverio en el Centro de Propagación de Especies Ponzoñosas de la Facultad de Ciencias Biológicas de la Universidad Autónoma de Nuevo León.

Los organismos fueron divididos en grupos por localidad, sexo y silvestres o nacidos en cautiverio con la finalidad de analizar las diferencias que presentan los resultados en cada uno de los grupos, tal y como se muestran en las tablas 2, 3 y 4.

Tabla 1.- Resultados de los análisis hematológicos según la localidad.

Localidad	Ht (%)	Leucocrito (%)	PTP (gr/dl)	Hb (gr/100ml)	G. Rojos (millones/mm3)	G. Blancos (miles/mm3)
Mineral del chico Hidalgo	25.1	1.2	3.67	8.7	336,000	20,268
Mineral del monte Hidalgo	20	1	3	7.7	345,000	20,250
Pabellón de Arteaga Aguascalientes	20	1.5	2.4	8	200,000	10,210

Tabla 2.- Resultados de los análisis hematológicos según el sexo.

Localidad	Ht (%)	Leucocrito (%)	PTP (gr/dl)	Hb (gr/100ml)	G. Rojos (millones/mm3)	G. Blancos (miles/mm3)
Machos	23.7	1.19	4	8.81	331,912	19,778
Hembras	24.3	1.25	3	8.62	311,875	21,212

Tabla 3.- Resultados de los análisis hematológicos según su nacimiento.

Localidad	Ht (%)	Leucocrito (%)	PTP (gr/dl)	Hb (gr/100ml)	G. Rojos (millones/mm3)	G. Blancos (miles/mm3)
Silvestres	23.8	1.13	3.525	8.56	337,500	20,418
Cautiverio	25.8	1.25	3.737	8.843	336,000	20,362

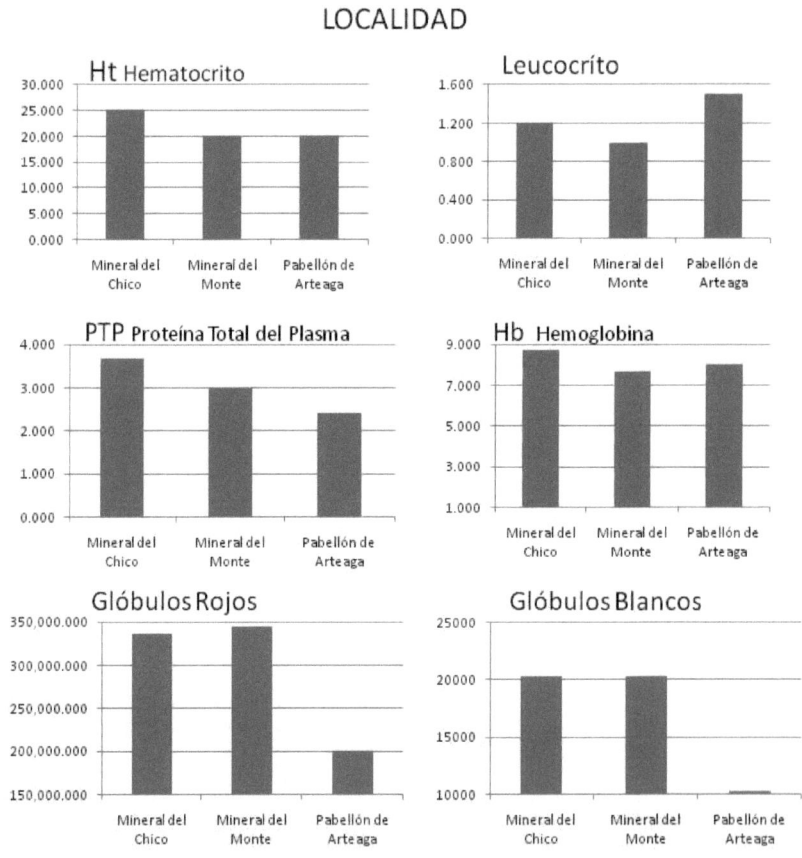

Figura 1.- Comparación de los análisis hematológicos con organismos de diferentes localidades.

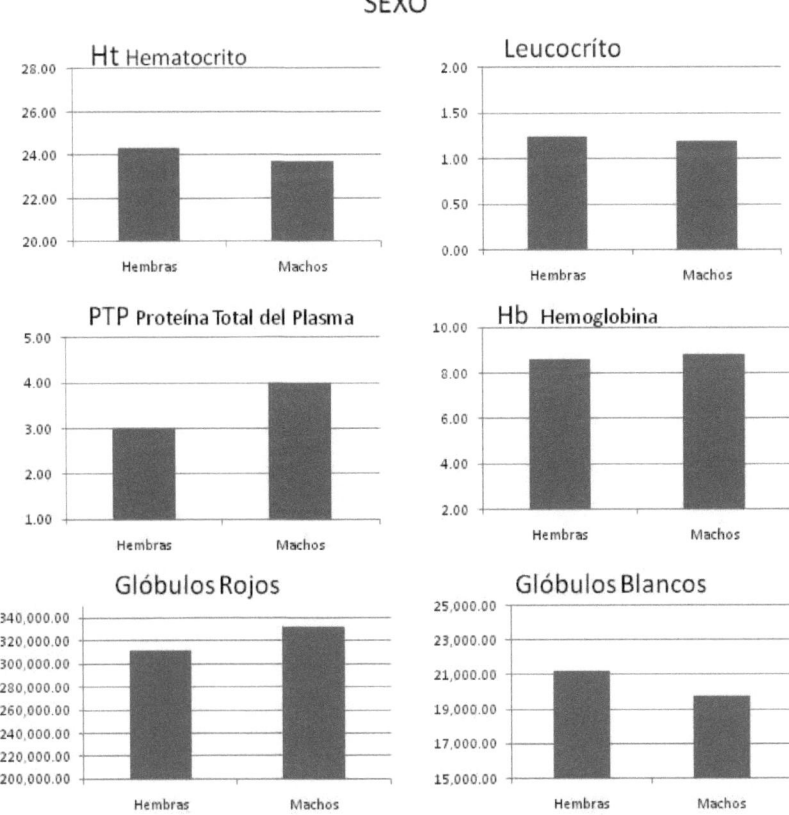

Figura 2.- Comparación de los análisis hematológicos con organismos de diferentes sexos.

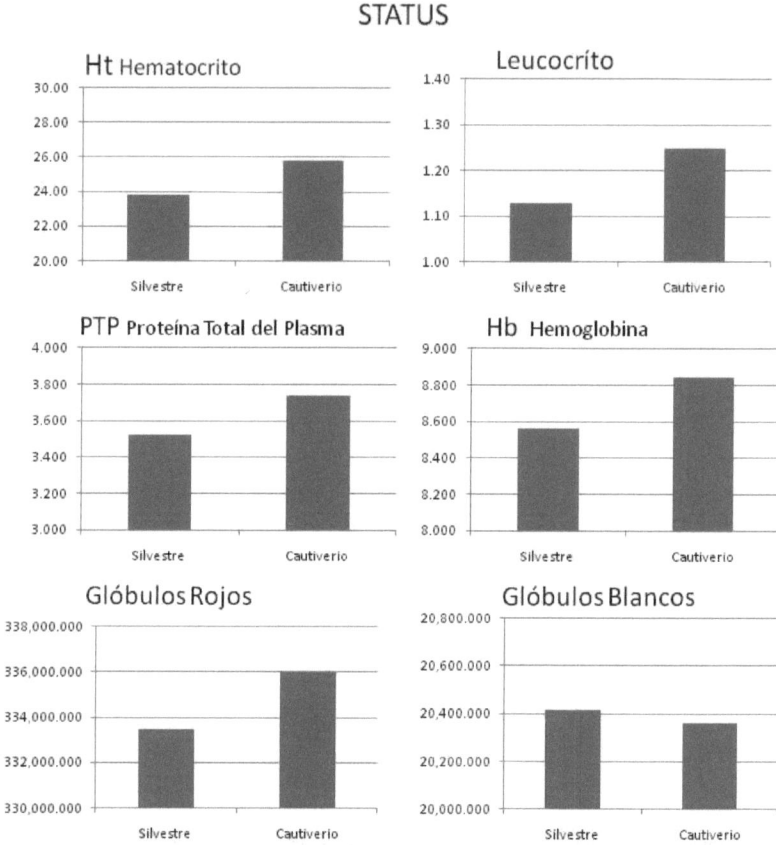

Figura 3.- Comparación de los análisis hematológicos con organismos de diferentes status.

En cuanto a la morfología de las células sanguíneas encontradas es la siguiente: eritrocitos, glóbulos blancos y trombocitos. Los eritrocitos son de forma oval con citoplasma levemente acidófilo, el núcleo es oval, central a la célula y fuertemente basófilo como se muestra en la figura 4, con una media aproximada de 12 a 13.5 µ y en menor cantidad poiquilocitos en forma no oval.

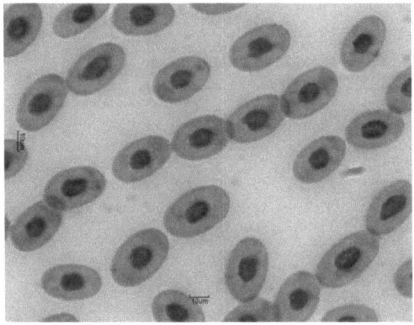

Figura 4.- Eritrocitos

Se determinaron los siguientes tipos de Leucocitos: Linfocitos, Eosinófilos, Basófilos, Neutrófilos, Metamielocitos y Monocitos, además trombocitos.

Los linfocitos presentaron un tamaño entre 9 a 13 μ su núcleo es esférico presentando una pequeña muesca y escaso citoplasma (figura 5).

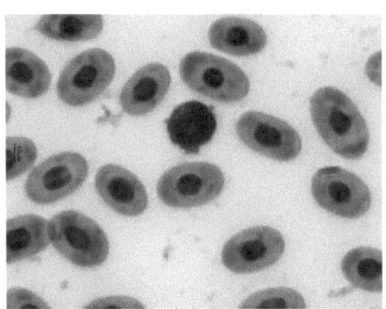

Figura 5.- Linfocitos

Eosinófilos, células esféricas de 19 a 21μ con núcleo excéntrico, cromatina acordonada, y en el citoplasma se encuentra una gran cantidad de gránulos que se tiñen con la Eosina (Figura 6).

43

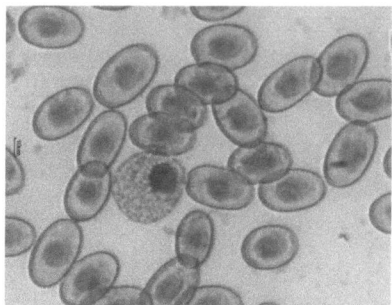

Figura 6.- Eosinófilos

Basófilos, células esféricas con gran cantidad de gránulos que se tiñen fuertemente basófilos y que encubren al núcleo, con una medida de 17 a 19μ. (Figura 7)

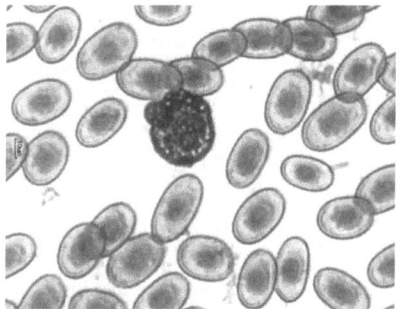

Figura 7.- Basófilos

Neutrófilos, células esféricas con núcleo presentando septos, con una medida de 15 a 17μ. (Figura 8).

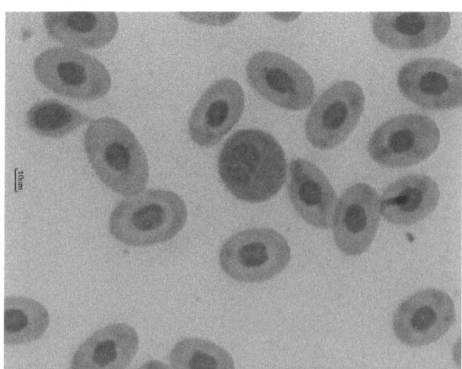

Figura 8.- Neutrófilos

Metamielocitos, células esféricas con núcleo arriñonado ocupando 2/3 del citoplasma ligeramente acidófilo. Con una medida de 9.5 a 11.5µ. (Figura 9)

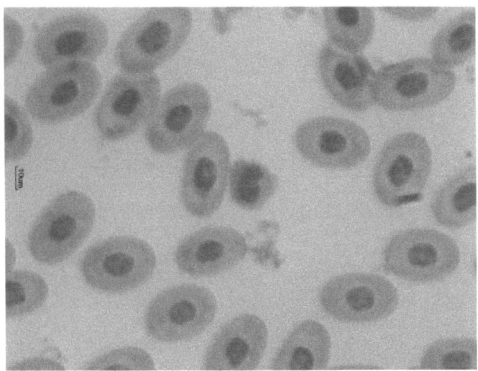

Figura 9.- Metamielocitos

Monocito, células esféricas con un núcleo central a la célula y arriñonado. Con una medida de 14 a 17µ (Figura 10).

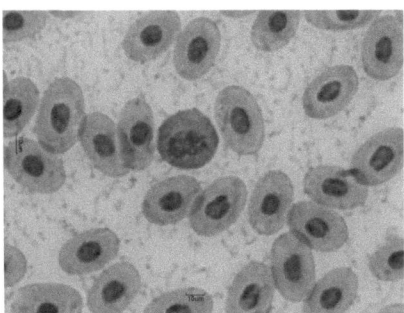

Figura 10.- Monocitos

Discusiones y Conclusión

La hematología de animales salvajes, todavía es un campo de trabajo científico poco explorado, siendo necesario estudios para que se pueda llegar a un nivel adecuado de comprensión de sus particularidades (Almeida *et al.*, 2011).

Los valores hematológicos encontrados en los organismos de diferentes localidades solo variaron con relación al conteo de glóbulos rojos y glóbulos blancos donde la población de Pabellón de Arteaga registraba menos número de ellos con relación a las otras dos localidades analizadas, esto puede deberse a diferentes factores como el clima, temperatura corporal y estado nutricional, entre otros factores, tal y como lo menciona Reavil (1994).

Los valores hematológicos observados al comparar los organismos de diferentes sexos no presentaron diferencias significativas en ninguna de sus mediciones, determinándose que los valores son semejantes entre hembras y machos, una vez que las primeras no se encuentren en periodo de gestación, lo cual puede cambiar considerablemente algunos factores hemáticos.

Así mismo, cuando se separaron los organismos a nivel de status (silvestres y en cautiverio) tampoco se encontraron diferencias significativas en ninguno de los factores hemáticos que fueron analizados.

Los resultados muestran que, como en otras especies, el proceso de homeostasis es un producto directo de interrelaciones complejas y dinámicas entre el huésped y el medio ambiente, y un desequilibrio, así como otros factores, influye en el hemograma de serpientes (Alves et al., 2014).

La información del presente trabajo indica que las variables hematológicas son la resultante directa entre el reptil y el medio ambiente, influenciando directamente con una consecuente alteración en la homeóstasis del animal. Se espera que estos resultados sirvan de base para nuevos estudios sobre valores hematológicos, para lograr establecer rangos de referencia y así tener la capacidad de evaluar el estado de salud, estrés, desnutrición y otras condiciones ambientales que impacten en forma negativa a la especie.

Así mismo, al tratarse de una especie poco estudiada (Campell y Brodie Jr., 1992), además de ser una especie considerada sujeta a Protección Especial (NOM-059-SEMARNAT-2010), es recomendable aumentar el tamaño de las muestras además de la realización de estudios a lo largo de su distribución con el objetivo de conocer más acerca del status poblacional que presenta esta especie en su medio ambiente natural.

Literatura Citada

Allender, M., M. Mitchell, C. Phillips, K. Gruszynski & R. Beasley (2006) Hematology, Plasma Biochemistry, and antibodies to select Viruses in Wild-Cought Eastern Massasauga Rattlesnakes (Sistrurus catenatus catenatus) from Illinois. Journal of Wildlife Diseases, 42(1), 2006, pp. 107–114.

Almeida, A., S. Nogueira-Filho, S. Nogueira & A. Munhoz (2011) Aspectos hematológicos de catetos (*Tayassu tajacu*) mantidos em cativeiro. Pesquisa Veterinária Brasileira, Rio de Janeiro, v. 31, n. 2, p. 173-177, 2011.

Álvarez, J., E. Tamez, D. Lazcano, K. Sester & E. Mociño (2011) Morfología de las Células Sanguíneas y perfil Leucocitario de *Crotalus polystictus* (Cope 1865). Revista Ciencia UANL. Vol. XIV: 53-59.

Alves (2014) Estudio comparativo de valores hematológicos de serpientes de cascabel (*Crotalus durissus terrificus*) de vida libre y de cautiverio. Biotemas, 27 (2): 109-115, junho de 2014 ISSNe 2175-7925

Blaxhall, P.C. & Daisley (1973) Routine hematological methods for use with fish blood. J. Fish. Biol. Vol. 5 pp: 771-781.

Cambell, J.A. & E.D. Brodie Jr. (1992) Biology of the Pitvipers. The University of Texas at Arlington. Selva, Tayler, Texas. 467pp.

Campbell, J., & W. Lamar (1989) Lance heads, genus *Bothrops wagler*, 1824. In: Csmpbell, J. & W. Lamar (Ed.). The venomous reptiles of the western hemisphere. New York: Cornell University Press, 2004. p. 334-409.

Ikeda & Ozaki (1982) Application of a Protein Refractometer on Fish Blood. Bulletin of the Japanase Society of Scientific Fisheries 48(9), pp:41-44.

Lazcano, D., Acosta, S., Mercado, R., Chavez, G. & Narvaez, S. (2009) Tiempo de deglución de crías de Crotalus aquilus (Klauber, 1952) en condiciones en cauticerio. Revista Ciencia UANL. Volumen XII: 288-294.

Martínez-Silvestre, A., S. Lavin & R. Cuenca (2011) Hematología y citología sanguínea en reptiles. Clínica Veterinaria de Pequeños Animales, Barcelona, v. 31, n. 3, p. 131-141, 2011.

Naves, E., F. Ferreira, A. Mundim & E. Guimares (2006) Valores hematológicos do macaco prego (*Cebus apella*, Linnaeus, 1758) em cativeiro. Bioscience Journal, Uberlândia, v. 22, n. 2, p. 125-131, 2006.

Reavil, D. (1994) Selected Topic in Reptile Clinical Pathology. UC Davis Avian/Exotic Animal Symposium. Davis California. 1-12.

Ramírez-Bautista, A., C. Balderas-Valdivia & L.J. Vitt. (2000) Reproductive ecology of the whiptail lizard *Cnemidophorus lineatissimus* (Squamata: Teiidae) in a tropical dry forest. Copeia 2000:712–722.

Troiano, J.C. (2005) Hematología en Reptiles.Reptilia: Revista especializada en Reptiles, Anfibios y Artropodos. 51:79-82.

CAPITULO 4

Cambios hematológicos en la Víbora de Cascabel del Pantano (*Crotalus polystictus*) en temporada seca y húmeda en el Municipio de Jocotitlan, Estado de México

Francisco Javier Álvarez Mendoza, Elsa María Tamez Cantú, Jesús Montemayor Leal

Resumen

La víbora de cascabel del pantano, *Crotalus polystictus* es una especie endémica del centro de la República Mexicana, en donde, por acciones antropogénicas se está perdiendo su hábitat. Como todas las serpientes venenosas, esta especie juega un rol importante en su medio ambiente ya que consume principalmente pequeños mamíferos como ratas y ratones, regulando así sus poblaciones y disminuyendo los daños en las cosechas y las posibles enfermedades que se pueden trasmitir al hombre. Por otro lado, el estudio hematológico en reptiles es un campo poco explorado aun reconociendo que la sangre participa en importantes funciones dentro de la respuesta inmunológica, de tal manera que puede utilizarse como una herramienta de diagnóstico y de pronóstico de enfermedades. El objetivo del presente trabajo es determinar el efecto de la sequía sobre el perfil hemático de la especie. El material biológico fue colectado en el rancho los Martínez, en el municipio de Jocotitlan, Estado de México, en dos años consecutivos con diferentes condiciones (2006 húmedo y 2007 seco). Se realizaron los parámetros hematológicos como Hemoglobina (Hb), microhematocrito (Ht), Leucocrito (Lc), Glóbulos rojos (Gr), Glóbulos blancos (Gb) y Proteína Total del Plasma (PTP). También se analizó el tamaño de los eritrocitos, el conteo diferencial y el número de trombocitos (U/μl). Las muestras fueron separadas por sexo (hembras y machos) y año de colecta (2006 y 2007). No se observaron diferencias significativas entre el peso y talla de los organismos colectados en diferentes años. La comparación de las características hemáticas registro que no existen diferencias significativas en el parámetro hemoglobina en las muestras colectadas en diferentes años, a diferencia del resto de los parámetros donde se registraron valores menores en los organismos colectados en el año 2007, pudiendo ser esto ocasionado por la presencia de una fuerte sequía en la localidad. De la misma forma, los leucocitos reportados fueron: linfocitos (72%), monocitos (8%), heterófilos (7%), azurófilos (4%), eosinófilos (8%), y basófilos (<1%). Se encontró que no había diferencia significativa del tamaño de los eritrocitos entre colectas (muestras) o por sexo. Pero se encontró diferencia significativa para eosinófilos, basófilos y heterófilos. Los resultados demuestran el efecto que tiene la sequía, y por consecuencia la falta de alimento, sobre las características hematológicas de esta especie que está sujeta a protección especial de acuerdo a la Norma NOM-059-SEMARNAT-2010.

Introducción

La Cascabel del pantano, *Crotalus polystictus* (Cope, 1865) es una serpiente que mide entre 70 y 80 cm de longitud total, su cabeza es delgada en comparación con su cuerpo robusto y presenta una coloración que puede ser café o gris con tonalidades doradas o rojizas en la parte media del cuerpo. Tiene un patrón de manchas dorsales que la caracterizan entre muchas especies de cascabel, son series de manchas de forma romboide o triangular, muy simétricas que corren a lo largo de todo su cuerpo. En la parte superior de la cabeza tiene dos pares de líneas claras casi blancas colocadas diagonalmente desde el centro a los lados, al nivel del ojo corre otra línea blanca hacia la región mandibular la cual es blanca como su vientre.

Esta especie es endémica de México, habita en la región centro-sur, en el Distrito Federal, Estado de México, Puebla, Querétaro, Zacatecas, Veracruz así como Jalisco y Michoacán en la costa del pacifico (Smith y Taylor, 1945). Habita en zonas que presentan diferentes tipos de vegetación, por esta razón se le puede encontrar en humedales, bosques de coníferas, matorral xerófilo, pastizal y mezquital a alturas de entre 1450 y 2600 metros SNM. Esta especie puede encontrarse activa durante el día o por la noche, se le encuentra asociada a zonas abiertas dentro de los bosques de coníferas especialmente en zonas con abundantes rocas. También se han registrado organismos de la especie en zonas agrícolas cercanas a grandes asentamientos humanos.

En algunas partes se ha observado que *C. polystictus* utiliza las madrigueras de otros animales como refugio. No se tienen estudios detallados sobre sus aspectos biológicos pero se infiere que se alimenta de mamíferos pequeños y lagartijas. Esta especie es vivípara, la hembra llega a parir de 6 a 8 crías, durante la estación de lluvias (normalmente de julio a agosto).

En la NOM-059-SEMARNAT-2010, la especie está clasificada como sujeta a protección especial. El tratarse de una especie endémica de México, hace relevante a *C. polystictus*, sin embargo, el tratarse de una especie endémica únicamente de la región del Eje Neovolcánico (Campbell y Lamar, 2004), hace de *C. polysticyus*, una especie única, que además contribuye al control biológico de roedores de la zona.

Por acciones antropogénicas se está invadiendo el hábitat de la serpiente de cascabel de pantano *C. polystictus*, y por otra parte, por ser ejemplares muy vistosos, suelen ser capturadas clandestinamente para ser exhibidas en herpetarios con lo que se podría perder parte de la biodiversidad de México.

Por otro lado, el tejido sanguíneo es relativamente de fácil colecta, por lo que la hematología ofrece una herramienta de diagnóstico y de pronóstico de enfermedades. En general, mientras el volumen total de la sangre de los reptiles varía entre especies, un estimado seguro se aproxima al 5-8% del peso total del cuerpo. En un reptil saludable, se puede colectar hasta un 10% del volumen total de sangre del animal para no ocasionarle estrés.

Al respecto, el estudio hematológico en reptiles es un campo poco explorado, aun así se reconoce que la sangre es responsable de importantes funciones como la respuesta inmunológica, transporte de nutrientes, gases y desechos metabólicos para ser eliminados a través del hígado y riñón (Troiano, 2005, Álvarez *et al.*, 2011).

Así mismo, la evaluación hematológica es una herramienta importante para analizar el estado de salud de los animales y diagnosticar enfermedades (Allender *et al.*, 2006), inclusive antes de que aparezcan los síntomas y es de gran relevancia en el acompañamiento de los tratamientos, ofreciendo datos que posibilitan al médico veterinario evaluar la respuesta terapéutica (Naves et al., 2006; Martínez-Silvestre *et al.*, 2011).

Alves *et al.*, (2014) evaluaron los parámetros hematológicos de la serpiente de cascabel brasileña *Crotalus durissus terrificus* determinado el recuento de eritrocitos, hemoglobina (Hb), hematocrito, proteínas totales del plasma (TPP), volumen corpuscular medio (MCV), hemoglobina corpuscular media concentración (MCHC) y el recuento diferencial de leucocitos, en organismos silvestres (s) y en cautiverio (c). El eritrograma mostró un número significativamente mayor de eritrocitos en el grupo S y mayor MCV en el grupo C. En el leucograma, las células más frecuentes en la sangre frotis fueron los neutrófilos y azurófilos, y el grupo S mostraron una disminución en los leucocitos totales, que refleja en un menor recuento de monocitos azurófilos en comparación con el grupo C.

En México se tiene muy poca información acerca de hematología en muchas especies, incluyendo reptiles como la serpiente de cascabel del pantano (*C. polystictus*), por lo cual es necesario realizar estudios hematológicos y de morfología de células sanguíneas de estas especies, para obtener un punto de referencia que nos permita saber el estado de salud de los organismos, así como saber si han estado en contacto con químicos como pesticidas o expuestos a condiciones medioambientales desfavorables.

Metodología

Los ejemplares de *C. polystictus* fueron capturados en los márgenes de áreas agrícolas de la localidad "Los Martínez ", en el municipio de Jocotitlán, Estado de México. Esta área había sido visitada en años anteriores por investigadores en un proyecto paralelo, donde se observaron grandes cantidades de ejemplares en los años del 2003 al 2006. Los ejemplares se separaron por año de colecta.

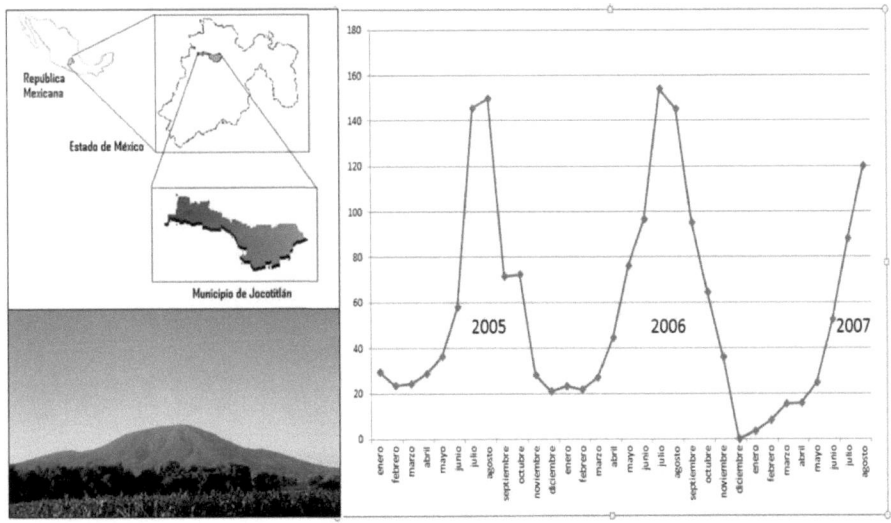

Figura 1.- Área de colecta de Jocotitlan, Estado de México y registro de precipitación pluvial.

La ubicación de cada ejemplar fue georeferenciada (GPS). Las serpientes fueron capturadas usando ganchos (Tong) y posteriormente fueron transportadas a un campamento en el municipio de Atlacomulco. Se sedó a cada ejemplar para realizar las mediciones y la toma de muestra de sangre, introduciendo a cada ejemplar en un tubo de acrílico con tapa de goma removible a cada lado, después se colocó un pequeño frasco de cristal con algodón impregnado del anestésico Laoflurane USP y se cerraron ambos lados del tubo de manera que el animal quedara expuesto al sedante durante unos 5 minutos. Una vez sedado el animal, tardó de 10 a 15 minutos en despertar, por lo que se procedió a la toma de datos morfométricos, para lo cual se midió la longitud del cuerpo, longitud de la cola y se pesó, posteriormente se realizó la toma de muestra sanguínea.

Para esto se empleó la extracción por vía cardiaca (Figura 2) y coccigal. Se extrajo aproximadamente el 1% de la sangre del animal conforme a peso, con un jeringa calibre 23, a partir del corazón en los primeros 8 ejemplares del año 2006, y de la vena coccigal para el resto de los ejemplares, la cual fue localizada entre la escama 7-8 subcaudal ventral, donde además se buscó no dañar los músculos de los hemipenes. Dichas muestras fueron sometidas a estudios hematológicos posteriores.

Figura 2.- Extracción sanguínea de ejemplares de *C. polystictus*.

Después de tomadas las muestras, las serpientes fueron regresadas al punto georeferenciado. Las muestras sanguíneas se transportaron en condiciones de refrigeración desde el lugar de la colecta hasta las instalaciones del Laboratorio de Histología de la Facultad de Ciencias Biológicas de la UANL.

Para medir la cantidad de Hemoglobina (gr/100 ml) se utilizó un Hemoglobinómetro (BMS, modelo AO) colocando una gota de sangre (0.1 ml.) en la cámara en su compartimento, observar por el ocular, deslizando el indicador de la escala hasta igualar los colores de la pantalla, se toma la lectura en la escala exterior donde se estaciona el indicador.

El microhematocrito (%) se realizó llenando capilares heparinizados de la mitad a ¾ partes, la sangre se tomó directamente de la jeringa con la que se había hecho la colecta, sellándose por el extremo donde se realizó el llenado, sellándose con Critoseal. Los capilares fueron centrifugados a 15,000 r.p.m., por espacio de 5 minutos (Clay Adams, Div. Of Beckton, Dickenson and Company, modelo 0200, No. 113038). Utilizando un lector para Microhematocrito se realizó la determinación correspondiente (Blaxhall y Daisley, 1973).

Para la determinación del Leucocrito (Lc %) se realizó el llenado de sangre en tubos capilares heparinizados, se sellaron con critoseal y se centrifugó a 11,000 rpm, durante 5 minutos. Las mediciones se realizaron con respecto a una tabla de porcentajes.

Para realizar el Recuento por Dilución de Eritrocitos (miles/mm3), se colocó sangre en una pipeta de Thoma para eritrocitos hasta la marca 0.5 y posteriormente se le agregó el líquido de Hayem hasta la marca del 101; haciendo una dilución 1:200; se mezcló la muestra durante 2 minutos y se desecharon las primeras 3 gotas para eliminar riesgos de que no se haya mezclado bien la solución con la sangre. En la cámara de Neubauer se le cubrió con un cubreobjetos, después se agregó una gota de la dilución y esta se difundió por capilaridad dando así la muestra para trabajar realizándose el conteo de glóbulos rojos en el microscopio óptico con objetivo seco fuerte (40x); haciendo el conteo por el método estándar.

En cuanto al Recuento por Dilución de Leucocitos (miles/mm3), se colocó sangre en una pipeta de Thoma para leucocitos hasta la marca 0.5 y después se le agregó el líquido de Turk hasta la marca 11; haciendo así una dilución 1:20; Se mezcló la muestra durante 2 minutos y se desecharon las primeras 3 gotas para eliminar riesgos de que no se haya mezclado bien la solución con la sangre. En la cámara de Neubauer se le cubrió con un cubreobjetos, después se agregó una gota de la dilución y esta se difundió por capilaridad dando así la muestra para trabajar y después se hizo el conteo de glóbulos blancos en el microscopio óptico con el objetivo seco fuerte (40x).

Para determinar la proteína total del plasma, se utilizaron los capilares centrifugados para la prueba del microhematocrito, los cuales fueron seccionados, tomando solamente la porción del plasma, el cual se colocó en un refractómetro (modelo 100/B, National Instrument Company, Inc.), para determinar por gravimetría la proteína del plasma, haciendo la lectura en la escala con unidades gr/dl. (Ikeda y Ozaki, 1982).

Adicionalmente se realizaron frotis sanguíneos de 6 de los ejemplares machos muestreados cada año, los cuales fueron teñidos con hemocolorantes (Hycell) y observados al microscopio de campo claro, para analizar la morfología de las células sanguíneas y el perfil leucocitario.

Resultados

Se hicieron 2 colectas, la primera de ellas se realizó en el período del 6 al 20 de Junio del 2006, colectándose un total de 20 ejemplares (10 hembras y 10 machos), presentando una longitud del cuerpo en milímetros máxima de 812, una mínima de516 y promedio de 623.05. Se obtuvo un peso en gramos máximo de 515.9, un mínimo de 105.3 y un promedio de 230.355. La segunda colecta se realizó en el período del 13 al 18 de Agosto del 2007, obteniéndose un total de 14 ejemplares (13 machos y una hembra), presentando una longitud del cuerpo máxima en milímetros de 796, una mínima de 510 y un promedio de 637.142. Para el peso en gramos se obtuvo un máximo de 517.4, un mínimo de 123.1 y un promedio de 241.728 (Figura 3 y 4).

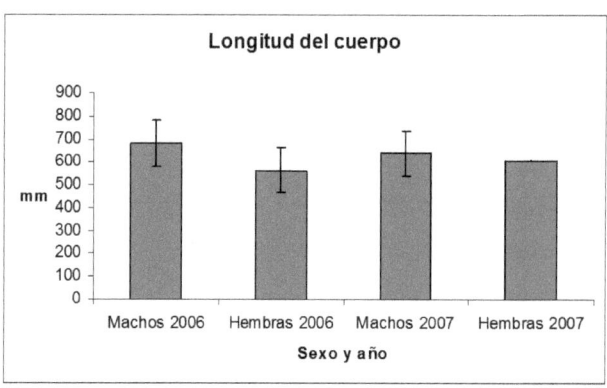

Figura 3.- Longitud del cuerpo de los ejemplares de *C. polystictus* de los años 2006 y 2007

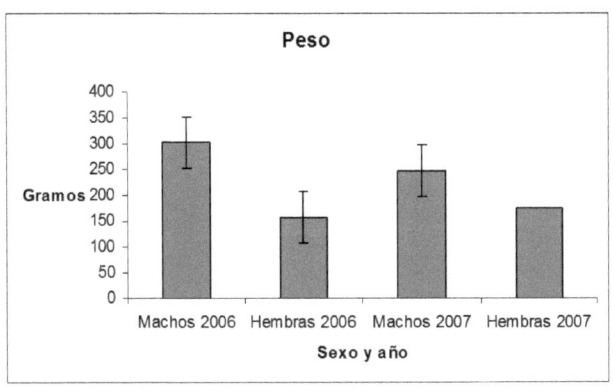

Figura 4.- Peso en gramos de los ejemplares de *C. polystictus* de los años 2006 y 2007

Hemoglobina (Hb gr/dl)

En la colecta que se llevó a cabo en el 2006, se determinó para Hemoglobina un máximo de 9.25, un mínimo de 4 y un promedio de 6.078. Para machos se obtuvo un máximo de 9.25, un mínimo de 4 y un promedio de 6.575, mientras que para hembras se determinó un máximo de 7.25, un mínimo de 4.5 y un promedio de 5.527. En la colecta del 2007, se determinó en Hemoglobina un máximo de 9.25, un mínimo de 4.75 y un promedio de 6.065 (Figura 5).

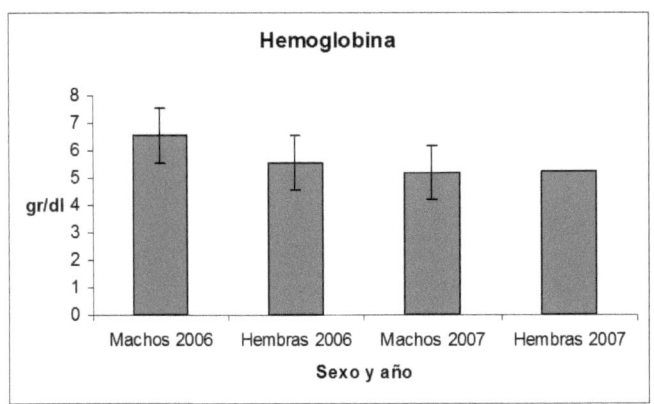

Figura 5.- Hemoglobina de sangre en ejemplares de *C. polystictus* de los años 2006 y 2007

Microhematocrito (Ht %)

En la colecta que se llevó a cabo en el 2006, se determinó para microhematocrito un máximo de 25, un mínimo de 5 y un promedio de 15.3. Para machos se determinó un máximo de 25, un mínimo de 10 y un promedio de 17.5, mientras que para hembras se obtuvo un máximo de 18, un mínimo de 5 y un promedio de 13.1 En la colecta del 2007, se determinó en Microhematocrito un máximo de 38, un mínimo de 13 y un promedio de 21.5 (Figura 6).

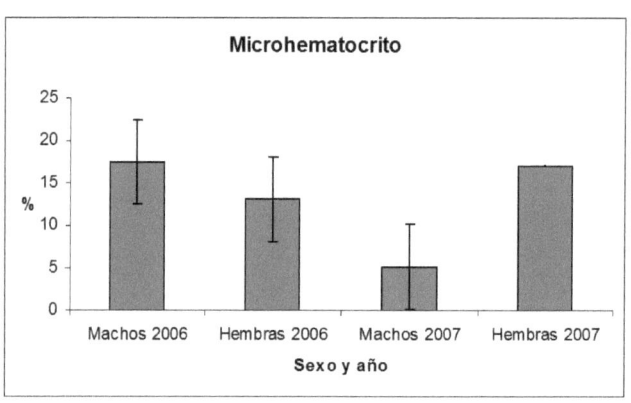

Figura 6.- Microhematocrito en % de ejemplares de *C. polystictus* de los años 2006 y 2007

Leucocrito (Lc%)

En la colecta que se llevó a cabo en el 2006, se determinó para el leucocrito un máximo de 2, un mínimo de 0.5 y un promedio de 1.15. Para machos se determinó un máximo de 2, un mínimo de 0.5 y un promedio de 1.2, mientras que para hembras se obtuvo un máximo de 2, un mínimo de 0.5 y un promedio de 1.1. En la colecta del 2007, se determinó en leucocrito un máximo de 1, un mínimo de 0.5 y un promedio de 0.642 (Figura 7).

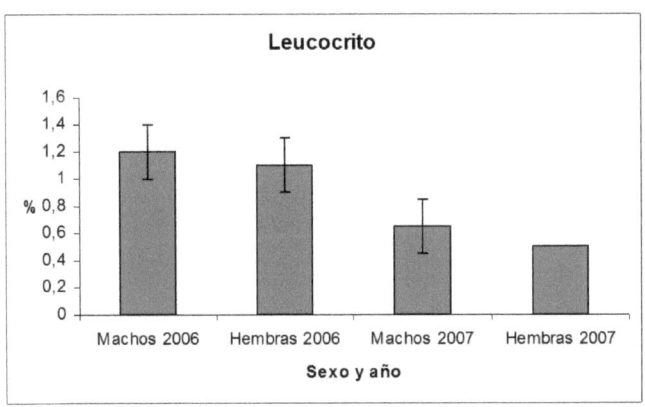

Figura 7.- Leucocrito en % de ejemplares de *C. polystictus* de los años 2006 y 2007

Proteína total del Plasma (PTP gr/dl)

En la colecta que se llevó a cabo en el 2006, se determinó para la proteína total del plasma un máximo de 7, un mínimo de 2.7 y un promedio de 4.83. Para machos se determinó un máximo de 7, un mínimo de 3.2 y un promedio de 4.9, mientras que para hembras se obtuvo un máximo de 6.9, un mínimo de 2.7 y un promedio de 4.76. En la colecta que se llevó a cabo en el 2007, se determinó para la proteína total del plasma un máximo de 3.6, un mínimo de 1.8 y un promedio de 2.55 (Figura 8).

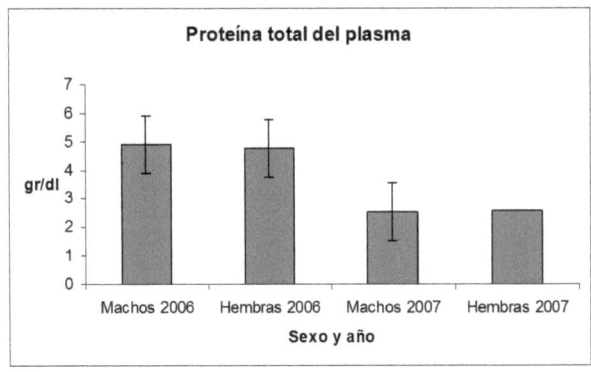

Figura 8.- Proteína total del plasma de ejemplares de *C. polystictus* de los años 2006 y 2007

59

Recuento total de glóbulos rojos (RGR miles/mm^3)

En la colecta que se llevó a cabo en el 2006, se determinó para glóbulos rojos un máximo de 780,000, un mínimo de 120,000 y un promedio de 394,706. Para machos se determinó un máximo de 780,000, un mínimo de 120,000 y un promedio de 420,000, mientras que para hembras se obtuvo un máximo de 650,000, un mínimo de 140,000 y un promedio de 366,250. En la colecta que se llevó a cabo en el 2007, se determinó para el recuento por dilución de glóbulos rojos un máximo de 2,800,000, un mínimo de 80,000 y un promedio de 429,285,714 (Figura 9).

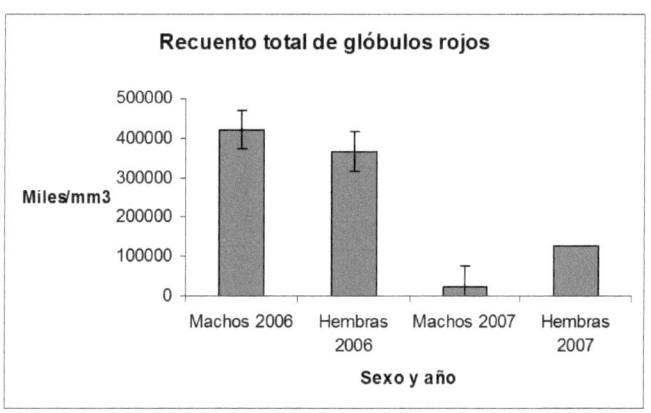

Figura 9.- Recuento total de glóbulos rojos de ejemplares de *C. polystictus* de los años 2006 y 2007.

Recuento total de Glóbulos blancos (RGB miles/mm^3)

En la colecta que se llevó a cabo en el 2006, se determinó para glóbulos rojos un máximo de 46,900, un mínimo de 100 y un promedio de 14,815.789. Para machos se determinó un máximo de 46,900, un mínimo de 100 y un promedio de 19,360, mientras que para hembras se obtuvo un máximo de 29,250, un mínimo de 2,950 y un promedio de 9,766,667. En la colecta que se llevó a cabo en el 2007, se determinó para el recuento por dilución de glóbulos blancos un máximo de 64,200, un mínimo de 4,500 y un promedio de 19,660,714 (Figura 10).

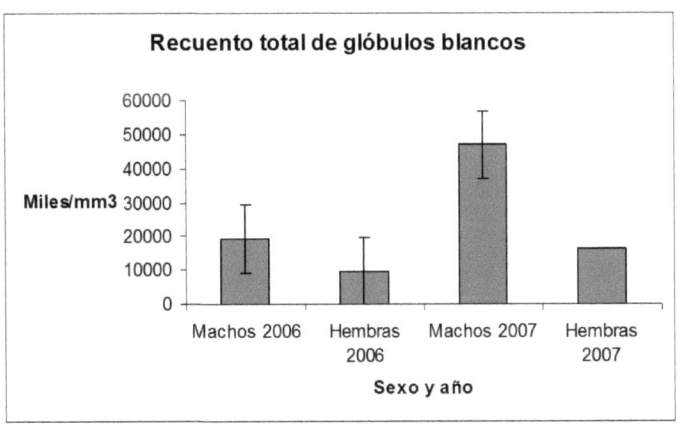

Figura 10.- Recuento total de glóbulos blancos de ejemplares de *C. polystictus* de los años 2006 y 2007.

En relación a la morfología de las células y el perfil leucocitario de *C. polystictus* se obtuvieron los siguientes resultados:

Eritrocitos

La célula y el núcleo presentaron forma elipsoidal, el citoplasma es acidófilo, en menor proporción se presentaron células de forma esférica, y citoplasma basófilo. Ocasionalmente se observaron eritrocitos policromáticos, que se caracterizan por una cromatina nuclear más densa, el citoplasma presenta zonas tanto acidófilas como basófilas y menor tamaño (figura 11). El tamaño de los eritrocitos promedio es de 17.26 x 9.76μ, y el núcleo 6.45 x 3.73μ. La estadística descriptiva mostró que la media de los eritrocitos para ambas colectas con base en la curva de Price-Jones fue de (13.51 ± 1.06μ), mínimo 5.50μ y máximo 18.50μ y para el núcleo (5.09 ± 0.58 μ), mínimo 3.0μ y máximo 7.0μ. No hubo diferencia significativa entre una colecta y otra, ni entre hembras y machos.

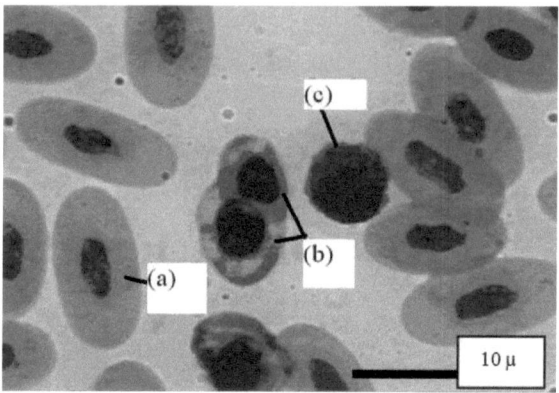

Figura 11.- Eritrocitos maduros (a), eritrocitos inmaduros (b), y un azurófilo (c).

Leucocitos

Para la realización del recuento diferencial fue necesario definir el tipo de célula: linfocitos, heterófilos, eosinófilos, basófilos, monocitos y azurófilos.

Linfocitos

Son células generalmente esféricas, algunas veces irregulares. Poseen un citoplasma débilmente basófilo, núcleo central o excéntrico fuertemente basófilo, abarca casi toda la célula, de márgenes bien definidos y de cromatina homogénea. Las medidas promedio de esta célula fueron de 8.88±1.85 x 7.68±1.51µ (figura 12).

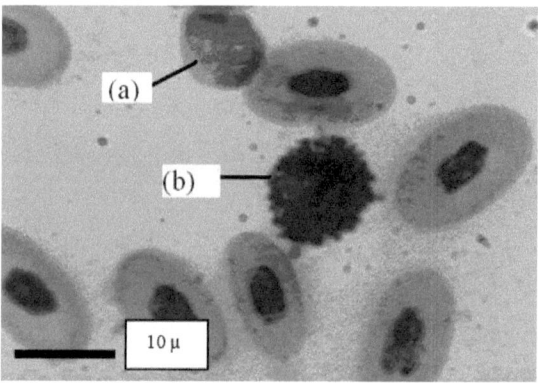

Figura 12. Linfocito (a), basófilo (b).

Heterófilo

Son células débilmente acidófilas, generalmente esféricas, con gránulos fusiformes débilmente eosinófilos. El citoplasma es transparente. Posee un núcleo típicamente redondo u ovalado en posición excéntrica, con cromatina densa. Las medidas promedio de esta célula fueron: largo 13 (±2.17)μ, y de ancho 10.16 (±2.23)μ, como se muestra en la figura 13.

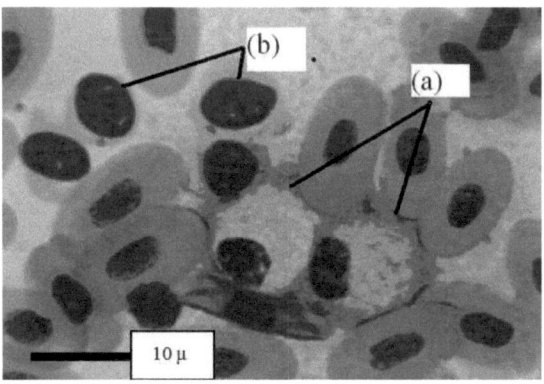

Figura 13. Heterófilos (a), trombocitos (b).

Eosinófilo

Son células esféricas que poseen gránulos citoplasmáticos eosinofílicos, su núcleo generalmente esférico. Las medidas promedio de esta célula fueron: 10.2±1.77 x 8.24±0.96μ, (figura 14).

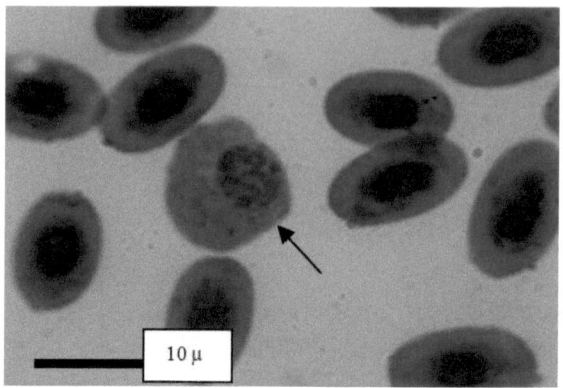

Figura 14. Eosinófilo

Basófilo

Son células esféricas con gránulos color violeta que encubren el citoplasma, el núcleo se distingue por su gran tamaño y el color púrpura de la tinción. Las medidas promedio de esta célula fueron 10.78 ± 2.84 x $8.34\pm1.43\mu$, (figura 12b).

Monocitos

La forma de este tipo de célula varía de redonda a ameboidea, el citoplasma se tiñe azul-grisáceo y contiene vacuolas o finos gránulos eosinofílicos. Posee un núcleo que puede ser esférico, elipsoide o lobulado. Las medidas promedio para esta célula fueron 10.76 ± 1.92 x 8.28 ± 1.30 μ (figura 15).

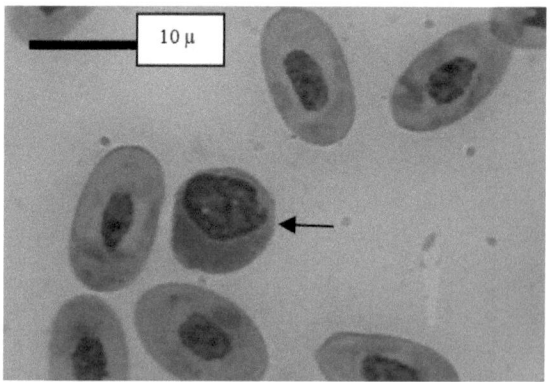

Figura 15. Monocito

64

Azurófilos

Son células de forma redonda a ameboidea, con citoplasma que toma un color azul-gris y posee finos gránulos que se tiñen fuertemente basófilos, éstos se denominan gránulos azurófilos. Las medidas promedio para esta célula fueron de 8.48±1.85 x 6.84±0.98 μ (figura 16).

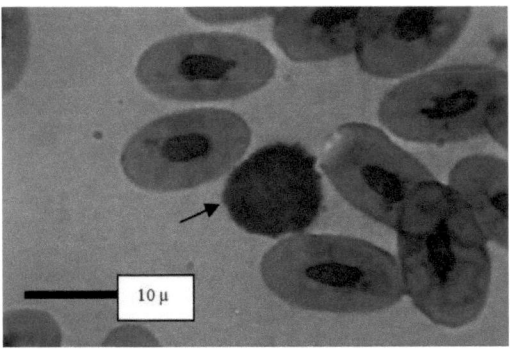

Figura 16. Azurófilo.

Trombocitos

Son células de forma elíptica a fusiforme con un citoplasma débilmente basófilo, un núcleo central de color violeta, por lo general se encuentran agrupados. Las medidas promedio de esta célula fueron: largo 10.78 (±2.84) y de ancho 8.34 (±1.43)μ, como se observa en la figura 13b.

Los datos del recuento diferencial de leucocitos se reportan en la tabla I, la cual muestra la predominancia de linfocitos con una media de 72%, mientras que los basófilos se encuentran en menor proporción, siendo menor de 1% (tabla 1).

Tabla 1. Recuento diferencial de leucocitos de sangre de *Crotalus polystictus*. Considerando el total de individuos analizados de la colecta de 2006 y 2007 (n=33).

Célula	Colecta 2006 Media (+/- D.S.)	Colecta 2007 Media (+/- D.S.)	Total Media (+/- D.S.)
Linfocito	68.05	77.00	71.84
(%)	(5.34)	(6.42)	(7.28)
Monocito	8.94	7.92	8.51
(%)	(3.62)	(2.99)	(3.36)
Azurófilo	4.10	5.07	4.51
(%)	(2.15)	(3.02)	(2.56)
Heterófilo	8.10	5.57	7.03
(%)	(3.57)	(2.84)	(3.47)
Eosinófilo	9.68	5.14	7.75
(%)	(6.70)	(2.82)	(5.80)
Basófilo	0.94	0.35	0.69
(%)	(0.84)	(0.63)	(0.80)

Discusión

La hematología es importante debido a que con ella se puede realizar un diagnóstico de enfermedades, además de ofrecer una herramienta de pronóstico de las mismas (Reavill, 1994), por lo que es de vital importancia realizar este tipo de estudios para la conservación de especies como la serpiente de cascabel *Crotalus polystictus*, la cual se encuentra en estatus de protección especial por la Ley General del Equilibrio Ecológico y Protección al Ambiente (Secretaría del Medio Ambiente del Distrito Federal, 2004).

Los valores encontrados de hemoglobina (Hb) para *C. polystictus* en los años 2006 y 2007 están por debajo de los valores reportados para otras serpientes como *Crotalos atrox* (Parker, 1977), *Bothrops alternatus*, *Bothrops jararacussu*, *Bothrops moojeni*, *Bothrops neuwiedi diporus* (Troiano, 2000), mientras que se encuentran dentro de rangos reportados para serpientes como *Naja kaouthia*, *Naja siamensis*, *Naja sumatran*, *Ophiophagus hannah*, *Homalopsis buccata*, *Bungarus fasciatus* (Salakij *et al.*, 2003) y *Boa constrictor* (Knotek, 2007).

Se coincidió con los valores obtenidos de microhematocrito (PVC) en *C. polystictus* con *Naja kaouthia*, *Naja siamensis*, *Naja sumatrana*, *Ophiophagus hannah*, *Homalopsis buccata*, (Salakij *et al.*, 2003), *Boa constrictor* (Knotek, 2007), *Clemmys muhlenbergii* (Brenner *et al.*, 2002) y *Bungarus fasciatus* (Salakij *et al.*, 2003).

La proteína total del plasma (PTP) encontrada en *C. polystictus* es inferior a la reportada para *Naja kaouthia*, *Naja siamensis*, *Naja sumatrana*, *Ophiophagus hannah*, *Homalopsis buccata*, (Salakij *et al.*, 2003), *Boa constrictor* (Knotek, 2007); por otra parte los valores encontrados para *Crotalus polystictus* en PTP están dentro de los rangos reportados para *Agrionemys horsfieldi* (Knotokvá, 2005) y *Cyclura cychlura inornata* (James *et al.*, 2006).

Se encontraron valores en el recuento total de glóbulos rojos inferiores en *C. polystictus* a los reportados para *Naja kaouthia*, *Naja siamensis*, *Naja sumatrana*, *Homalopsis buccata, Bungarus fasciatus* (Salakij *et al.*, 2003) y *Crtotalus atrox* (Parker y McCoy, 1977).

Los valores del recuento total de glóbulos blancos en *C. polystictus* son superiores a los reportados en *Naja siamensis*, *Naja sumatrana*, *Ophiophagus hannah*, (Chaleow *et al.*, 2003), *Cyclura cychlura inornata* (James *et al.*, 2006), *Physignathus cocincinus* (Mayer *et al.*, 2005), *Sistrurus catenatus catenatus* (Allender, 2006), *Pogona vitticeps* (Elliman, 1997), *Clemmys muhlenbergii* (Brenner, 2002), *Iguana iguana* (Acuña, 1975); y finalmente están dentro del rango de los valores reportados para *Naja kaouthia* (Salakij *et al.*, 2003) y *Bungarus fasciatus* (Salakij *et al.*, 2003).

La descripción de las células blancas realizadas en este trabajo resultaron congruentes con la morfología detallada en la bibliografía para distintas especies de reptiles (Campbell y Lamar, 2004), pero las dimensiones encontradas para otras especies de serpientes fueron superiores a las de *Crotalus polystictus* (Salakij *et al.*, 2002). El conteo diferencial de leucocitos mostró que el tipo de célula más abundante son los linfocitos, seguido de monocitos, eosinófilos, heterófilos, azurófilos y basófilos para ambas colectas. Estos resultados se encontraron en el mismo orden, pero en diferente proporción para otros tipos de serpientes que tienen una estrecha relación filogenética porque pertenecen a la misma familia (Troiano, et al, 2000). Sin embargo, para otras especies de serpientes los linfocitos se encontraron dentro del rango reportado (Salakij *et al.*, 2002; Mussart, *et al.*, 2006) y fueron mayores para la serpiente acuática, *Homalopsis buccata* (Salakij *et al.*, 2002).

De igual manera, se compararon los valores entre cada colecta utilizando la Distribución z; se observó que el porcentaje de linfocitos, monocitos y azurófilos se conservó entre un año y otro, pero los valores para heterófilos, eosinófilos y basófilos fueron significativamente distintos, siendo mayores para la colecta de 2006.

Se realizó una comparación por sexo para la colecta 2006, y se encontró una diferencia significativa para eosinófilos y basófilos. No se pudo realizar esta comparación para los ejemplares de la colecta 2007 debido a que sólo se capturó una hembra.

El recuento de trombocitos para ambas colectas fue de 34,809.09±16,215.88 U/μl; asimismo, se realizaron comparaciones de medias entre colectas y por género. No se observó diferencia significativa entre colectas, y tampoco entre machos de ambas colectas, pero sí se observó diferencia significativa entre hembras y machos de la colecta 2006, siendo mayor para machos, lo cual concuerda con el análisis realizado para *Iguana iguana* (Novoa et al, 2008).

Conclusion

El parámetro de Peso no mostró influir sobre los valores hematológicos de *Crotalus polystictus*, debido a que no mostraron variación en cuanto al peso. En cuanto al sexo, no se encontró diferencia significativa entre machos y hembras de *Crotalus polystictus* del año 2006 para la Hemoglobina, el leucocrito, la proteína total del plasma, el recuento total de glóbulos rojos y recuento total de glóbulos blancos; en cambio, se encontró diferencia estadísticamente significativa para la longitud del cuerpo, longitud de la cola, peso y para el Microhematocrito.

En la comparación realizada para machos de *Crotalus polystictus* de los años 2006 y 2007 se encontró diferencia significativa para el leucocrito y la proteína total del plasma solamente, mientras que para la longitud del cuerpo, longitud de la cola, peso, Hemoglobina, Microhematocrito, recuento total de glóbulos rojos y recuento total de glóbulos blancos no se encontró diferencia significativa.

Debido a que por una parte se encontraron rangos muy amplios en el recuento total de glóbulos rojos y el recuento total de glóbulos blancos, de 80,000 a 780,000 y de 100 a 387,000 respectivamente, mientras que por otro lado se encontraron rangos pequeños en el resto de los parámetros se requiere de más estudios e incrementar el número de muestras para conocer con certeza si los rangos se mantienen así de amplios en el recuento total de glóbulos rojos y recuento total de glóbulos blancos y de igual manera son rangos pequeños en los parámetros de Microhematocrito, Leucocrito, Proteína total del plasma y Hemoglobina.

Se reportaron por primera vez el perfil leucocitario y las características morfológicas y cuantitativas de eritrocitos y trombocitos para la serpiente de cascabel del pantano, *C. polystictus*.

El tamaño de los glóbulos rojos en muestras de *Crotalus polystictus* reveló diferencia significativa entre machos y hembras de la colecta de 2006.

La descripción morfológica de los linfocitos resultó congruente con la descrita por diversos autores para reptiles.

En el recuento diferencial sólo se encontró diferencia significativa en el porcentaje de linfocitos, siendo mayores los de *Crotalus polystictus* en comparación a otras especies. También se observó una diferencia significativa para los valores de heterófilos, eosinófilos y basófilos de un año a otro. A su vez se mostró diferencia significativa de eosinófilos y basófilos entre machos de ambas colectas. En cuanto a las comparaciones hechas entre machos y hembras de la colecta 2006, se encontró diferencia significativa en los valores de eosinófilos y basófilos, siendo mayor para los machos.

El recuento total de trombocitos para *Crotalus polystictus* se encontró dentro de los rangos reportados para otros reptiles, pero fue significativamente mayor para machos de la colecta 2006, en comparación a las hembras.

En general, la comparación de las características hemáticas registro que no existen diferencias significativas en el parámetro hemoglobina en las muestras colectadas en diferentes años, a diferencia del resto de los parámetros donde se registraron valores menores en los organismos colectados en el año 2007, pudiendo ser esto ocasionado por la presencia de una fuerte sequía en la localidad. De la misma forma, los leucocitos reportados fueron: linfocitos (72%), monocitos (8%), heterófilos (7%), azurófilos (4%), eosinófilos (8%), y basófilos (<1%). Se encontró que no había diferencia significativa del tamaño de los eritrocitos entre colectas (muestras) o por sexo. Pero se encontró diferencia significativa para eosinófilos, basófilos y heterófilos. Los resultados demuestran el efecto que tiene la sequía, y por consecuencia la falta de alimento, sobre las características hematológicas de esta especie que está sujeta a protección especial de acuerdo a la Norma NOM-059-SEMARNAT-2010.

Estos valores serán de gran utilidad para establecer rangos de referencia, y así evaluar el estado de salud, estrés, desnutrición y otras condiciones ambientales que impacten en forma negativa a esta especie, para preservarla y hacer un mejor manejo de la misma.

Literatura Citada

Allender Mathew, Mitchell Mark, Philips Cristopher, Gruszynski Karen & Beasley Val (2006). Hematology, plasma biochemistry, and antibodies to select viruses in wild-caught eastern massasauga rattlesnakes (*Sistrurus catenatus catenatus*). Journal of Wildlife Diseases, 107-114.

Álvarez, J., E. Tamez, D. Lazcano, K. Sester & E. Mociño (2011) Morfología de las Células Sanguíneas y perfil Leucocitario de *Crotalus polystictus* (Cope 1865). Revista Ciencia UANL. Vol. XIV: 53-59.

Alves, *et al.* (2014) Estudio comparativo de valores hematológicos de serpientes de cascabel (*Crotalus durissus terrificus*) de vida libre y de cautiverio. Biotemas, 27 (2): 109-115.

Blaxhall, P.C. & Daisley (1973) Routine hematological methods for use with fish blood. J. Fish. Biol. Vol. 5 pp: 771-781.

Brenner Deena, Lewbart Gregory, Stebbins Martha & Herman Dennos W. (2002) Health survey of wild and captive bog turtles (*Clemmys muhlenbergii*) in North Carolina and Virginia. Journal of Zoo and Wildlife Medicine, 311-316.

Campbell, J.A., & W.W. Lamar (2004). The Venomous Reptiles of the Western Hemisphere. Captive populations of Boa constrictor in the Czech Republic. Veterinarni Medicine, 52, 512-520.

Ikeda & Ozaki (1982) Application of a Protein Refractometer on Fish Blood. Bulletin of the Japanase Society of Scientific Fisheries 48(9), pp: 41-44.

James Stephane Iverson John, Greco Verónica, & Bonnie Raphael (2006) Health Assessment of Allen Cays Rock Iguana, *Cyclura cychlura inornata*. Journal of Herpetological and Surgery, 93-98.

Knotek Z., Jekl V., Dorrestein G.M., Blahak S., & Knotkova Z. (2007) Presumptive viral infections in captive populations of Boa constrictor in the Czech Republic. Veterinarni Medicina, 52, 2007 (11): 512–520

Mussart N.B., N.N. Barboza, S.A. Fioranelli, G.A. Koza, W.S. Prado & J.A. Coppo (2006) Age, sex, year season and handling system modif. The leukocytal parameters from captive *Caiman latirostris* and *Caiman yacare* (Crocodylia: Alligatoridae). Rev. Vet. 17(1): 3-10.

Naves, E., F. Ferreira, A. Mundim & E. Guimares (2006) Valores hematológicos do macaco prego (Cebus apella, Linnaeus, 1758) em cativeiro. Bioscience Journal, Uberlândia, v. 22, n. 2, p. 125-131, 2006.

Novoa-Fajardo D., I. Benítez-Tumay, J. R. Corredor-Matus & J. Rodríguez-Pulido (2008) Hallazgos hematológicos en iguana verde suramericana (*Iguana iguana*), de Ejemplares ubicados en zona urbana y suburbana de Villavicencio (Meta). Revista Oriniquia 12(1):67-80

Parker O.S. &, McCoy R.H. (1977). Some bloods values of the western diamond-back Rattlesnake (*Crotalus atrox*) from South Texas. Journal of Wildlife Diseases Vol. 13, 269-272.

Reavil Drury (1994). Selected Topics in Reptile Clinical Pathology. Lecture given at the U.C. Davis Avian/Exotic Animal Symposium. 1-12.

Salakij Chaleow, Jarernsak Salakij, Suntaree Apibal, Nual-Anong Narkkong, Lawan Chanhome & Nirachara Rochanapat (2002) Hematology, Morphology, Cytochemical Staining, and Ultrastructural Characteristics of Blood Cells in King Cobras (*Ophiophagus hannah*). Veteinary Clinaical Pathology. 31(3): 116–126.

Salakij Chaleow Jarernsak Salakij, Nual-Anong Narkkong, Decha Pitakkingthong & Songkrod Poothong (2003) Hematology, Morphology, Cytochemistry and Ultrastructure of Blood Cells in Painted Stork (*Mycteria leucocephala*).

Secretaría del Medio Ambiente del Distrito Federal (2004) Programa de Manejo, Ejidos de Xochimilco y San Gregorio Atlapulco, propuesta 2004. pág. 9.

Smith, Hobart M. & Taylor, Edward H. (1945) An annotated checklist and key to the snakes of Mexico. Bull. US Natl. Mus. (187): IV + 1-239

Troiano J.C., J.C. Vidal, E.F. Gould, J. Heker, J. Gould, A.U. Vogt, C. Simoncini, E. Amantini, & A. De Roodt (2000) Hematological values of some Bothrops species (Ophidia-Crotalidee) in captivity. Journal of Venomous Animals and Toxins. 6 (2).

Troiano, J.C. (2005) Hematología en reptiles. Reptilia: revista especializada en reptiles, anfibios y artrópodos, ISSN 1135-5832, N°. 51: 79-8.

Printed by Books on Demand GmbH, Norderstedt / Germany